Software-Praktikum

Ein praxisorientiertes Vorgehen zur Software-Erstellung

Von
Stefan Dißmann, Universität Dortmund
Volker Zurwehn, Universität Dortmund

B. G. Teubner Stuttgart 1988

Dipl.-Inform. Stefan Dißmann

Geboren 1959 in Wetter (Ruhr). Von 1977 bis 1983 Studium der Informatik an der Universität Dortmund. Diplom in Informatik 1983. Von 1984 bis 1988 wiss. Mitarbeiter am Lehrstuhl für Förder- und Lagerwesen des Fachbereichs Maschinenbau und am Lehrstuhl für Software-Technologie des Fachbereichs Informatik der Universität Dortmund. Seit dem Wintersemester 1984/85 Veranstalter des Software-Praktikums.

Schwerpunkte in der Forschung: Software-Qualitätssicherung, Qualitätsmodelle, Metriken, Aufwandschätzung.

Dipl.-Inform. Volker Zurwehn

Geboren 1958 in Wattenscheid. Von 1977 bis 1984 Studium der Informatik an der Universität Dortmund. Diplom in Informatik 1984. Von 1984 bis 1988 wiss. Mitarbeiter am Lehrstuhl für Betriebssysteme und am Lehrstuhl für Software-Technologie des Fachbereichs Informatik der Universität Dortmund. Seit dem Wintersemester 1984/85 Veranstalter des Software-Praktikums.

Schwerpunkte in der Forschung: Software-Qualitätssicherung, Modelltheorie, Software-Entwicklungsmodelle, Aufwandschätzung.

CIP-Titelaufnahme der Deutschen Bibliothek

Dißmann, Stefan
Software-Praktikum : e. praxisorientiertes Vorgehen zur
Software-Erstellung / von Stefan Dißmann ; Volker Zurwehn.
– Stuttgart : Teubner, 1988
ISBN 978-3-519-02283-1 ISBN 978-3-322-94713-0 (eBook)
DOI 10.1007/978-3-322-94713-0
NE: Zurwehn, Volker:

Softcover reprint of the hardcover 1st edition 1988

Vorwort

Die Entwicklung von Software-Produkten wird heute als ingenieurmäßiges Vorgehen betrachtet, das sich der Verfahren der Software-Technologie bedient. Die Anwendungen dieser Verfahren werden durch Werkzeuge unterstützt, deren Einsatz jedoch ein breites software-technologisches Basiswissen erfordert. Dieses Wissen muß frühzeitig während der Ausbildung erworben werden.

Wesentliche Voraussetzung für den professionellen Einsatz von Werkzeugen ist das Begreifen von Prinzipien, Methoden und Konzepten der Software-Technologie. Daneben sind jedoch auch Erfahrungen des Entwicklers in der Gestaltung von Software-Produkten und im Umgang mit den zugrundeliegenden Verfahren notwendig. Erfahrung kann nur durch das praktische Anwenden erarbeitet werden. Der Praxisbezug und die praktische Arbeit besitzen somit bei der Vermittlung von Kenntnissen aus dem Bereich der Software-Technologie in der Ausbildung von Informatikern eine besondere Bedeutung.

Der Erwerb erster Erfahrungen in der systematischen, verfahrensunterstützten Software-Entwicklung erfolgt im Studiengang Informatik an der Universität Dortmund in der Lehrveranstaltung "Software-Praktikum". Studenten des Grundstudiums mit Kenntnissen in mindestens einer höheren Programmiersprache entwickeln in Gruppen zu zehn Teilnehmern in einem Semester gemeinsam Software-Produkte.

Das vorliegende Buch ist auf der Basis einer dreieinhalbjährigen Tätigkeit der Autoren als Veranstalter des "Software-Praktikums" entstanden. Weit über tausend Studenten haben nach dem hier vorgestellten Vorgehen über zweihundert Projekte in ähnlicher Weise bearbeitet. Dabei haben die Autoren versucht, die Anregungen von Studenten und Kollegen sowie eigene Beobachtungen in fortlaufende Versionen der Vorgehensweise einzuarbeiten, so daß hier ein Vorgehen beschrieben wird, dessen Praktikabilität vielfach geprüft wurde. Das Vorgehen orientiert sich in seinem Ablauf an den konventionellen Phasenmodellen der Software-Entwicklung. Die eingesetzten Verfahren sind so gewählt, daß sie sich einerseits ohne spezielle theoretische Kenntnisse erlernen lassen und andererseits auch ohne Werkzeugunterstützung anwendbar sind. Eine Werkzeugunterstützung benötigt für eine große Zahl von Auszubildenden eine große Rechnerkapazität, welche häufig nicht zur Verfügung steht.

Das Buch wendet sich in erster Linie an Studierende der Fachrichtung Informatik, die ein leicht handhabbares und trotzdem effektives Vorgehen zur Software-Entwicklung suchen. Es ist ebenfalls im Informatikunterricht an

Schulen oder bei der Ausbildung in DV-Berufen einsetzbar. Auch die kommerzielle Software-Produktion ist nach dem vorgestellten Vorgehen denkbar.

Der Anhang enthält neben einigen Vorschlägen für Übungsprojekte Hinweise zur Durchführung von Software-Praktika. Sie sind als Anregungen für Lehrer und Ausbilder gedacht.

Dortmund, im Frühjahr 1988

Stefan Dißmann

Volker Zurwehn

Inhaltsverzeichnis

1. Einführung

Die Disziplin innerhalb der Informatik, die sich mit dem systematischen Vorgehen bei der Erstellung von qualitativ hochwertigen und funktional korrekten Software-Produkten beschäftigt, wird als "Software-Technologie" (engl. "Software Engineering") bezeichnet.

Das Ziel der Erstellung eines Software-Produktes ist die Erfüllung der funktionellen Anforderungen und der Qualitätsanforderungen des Auftraggebers. Den ökonomischen Rahmen bei der Verfolgung dieses Ziels bestimmen die Faktoren "Kosten", "Zeit" und "Personal". Die Wirtschaftlichkeit der Erstellung ist geprägt von einer Reduzierung der Faktorenausprägungen bei gleichzeitiger Maximierung der zu erfüllenden Anforderungen.

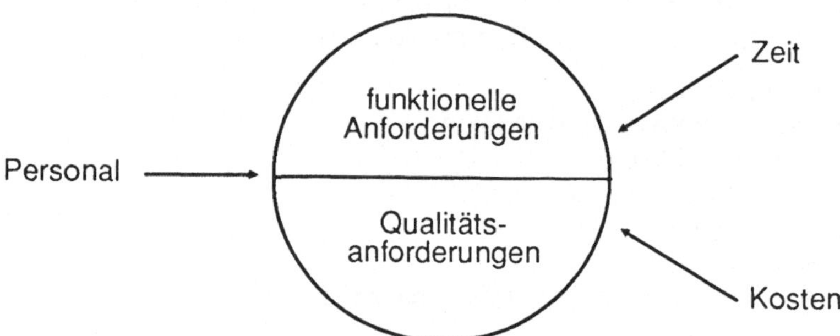

Der vorliegende Text befaßt sich mit dem systematischen Vorgehen zur Erfüllung der an das Produkt gestellten Anforderungen und nicht mit der Betrachtung der Wirtschaftlichkeit des Vorgangs der Produkterstellung. Der Faktor "Kosten" bleibt völlig unberücksichtigt. Auf die Faktoren "Zeit" und "Personal" wird nur kurz im Anhang A1 eingegangen. Maßnahmen zur Reduzierung der Faktoren "Zeit" und "Personal" werden nicht vorgestellt.

Wesentliches Merkmal für die erfolgreiche Entwicklung eines Software-Produktes ist seine Qualität. Die Qualität hängt von einer Vielzahl von Qualitätseigenschaften ab, die bei unterschiedlichen Problemen unterschiedliche Bedeutung besitzen können. Bei der Software-Entwicklung muß berücksichtigt werden, daß die einzelnen Qualitätseigenschaften durchaus in Konkurrenz zueinander stehen können. Hier ist die Abstimmung zwischen Auftraggeber und Entwickler gefordert, um anhand der Erfordernisse Prioritäten zu setzen.

Das folgende Qualitätsmodell gibt einen Überblick über mögliche Qualitätseigenschaften und die Beziehungen zwischen ihnen.

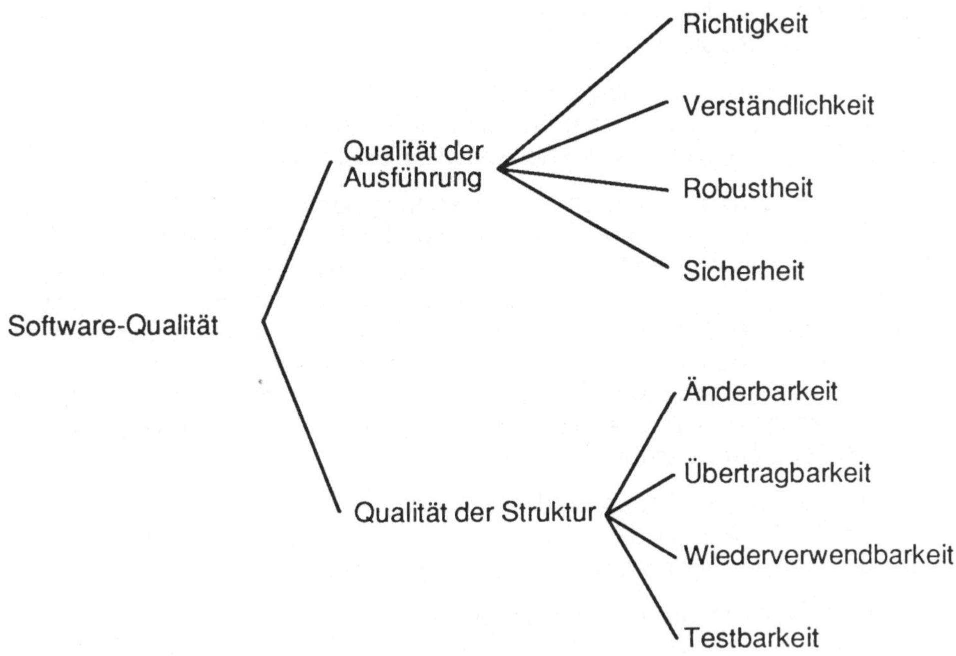

Das vorliegende Buch vermittelt einen ersten Einblick in die Disziplin durch die Vorstellung eines Vorgehens zur Erstellung von Software-Produkten. Dieses Vorgehen besteht aus mehreren Phasen und innerhalb jeder Phase aus mehreren Schritten. Phasen und Schritte werden in einer festgelegten Reihenfolge nacheinander durchlaufen. Phasen dienen der groben Strukturierung des Entwicklungsprozesses. Jedem Schritt einer Phase wird ein Verfahren zugeordnet, welches einen Teil der Software-Entwicklung bestimmt.

Die Anwendung des Vorgehens und der einzelnen Verfahren wird an der Beispielentwicklung "Interaktive Funktionsdarstellung" demonstriert. Die Entwicklung des zugehörigen Software-Produktes wird so in seiner Gesamtheit beschrieben und ermöglicht dem Leser, die Übergänge zwischen den einzelnen Schritten nachzuvollziehen. Das Beispiel zeigt die Gestaltung von

Dokumenten im Rahmen einer an dem vorgestellten Vorgehen orientierten Software-Entwicklung.

Kapitel 2 bietet einen kurzen Überblick über Phasenmodelle, die das Vorgehen zur Erstellung von Software-Produkten systematisieren. Dem Leser wird ermöglicht, den Inhalt des vorliegenden Textes in den gesamten Lebenszyklus eines Software-Produktes einzuordnen.

In Kapitel 3 wird das Vorgehen zur Software-Entwicklung vorgestellt, dessen Vermittlung das Ziel des Textes ist. Unterteilt in drei Phasen mit insgesamt vierzehn Schritten wird das Vorgehen detailliert beschrieben.

Die Darstellung der praktischen Anwendung des Vorgehens erfolgt in Kapitel 4, in dem die Dokumente, die bei der Durchführung der Beispielentwicklung entstehen, wiedergegeben werden. Soweit notwendig, sind sie mit zusätzlichen Kommentaren versehen. Die Implementierung des Beispiels erfolgt in MODULA-2, da es sich dabei um eine Programmiersprache handelt, die die vorgeschlagene Form der technischen Strukturierung des Software-Produktes bei der Kodierung unterstützt und für die auf zahlreichen Rechnern Compiler verfügbar sind. Die Implementierung wurde auf einem Rechner der ATARI ST-Serie durchgeführt und überprüft.

Die Kapitel 3 und 4 können nacheinander oder gleichzeitig derart gelesen werden, daß der entsprechende Abschnitt des Beispiels im Anschluß an die Darstellung eines Vorgehensschrittes in Kapitel 3 durchgearbeitet wird.

Das Literaturverzeichnis (Kapitel 5) enthält zahlreiche Literaturquellen, die einzelne Aspekte der Vorgehensweise speziell betrachten und so dem Leser die Vertiefung seiner Kenntnisse ermöglichen.

Der Anhang gibt Hinweise zur Durchführung von Software-Praktika, die aus der Erfahrung der Autoren abgeleitet sind und den Verantwortlichen für die Durchführung ähnlicher Ausbildungen Hilfestellung geben sollen. Ebenfalls im Anhang wiedergegeben sind zehn kommentierte Aufgabenstellungen, die als Anregungen für praktische Arbeiten gedacht sind.

2. Phasenmodelle

Software-Entwicklungsmodelle sind allgemein Handlungsmuster oder Handlungsschemata, mit deren Hilfe Kosten und Zeit der Konstruktion eines Software-Produktes minimiert werden sollen und die Qualität des konstruierten Software-Produktes maximiert werden soll. Sie dienen den an der Entwicklung beteiligten Personen als Konzept für den Ablauf der konkreten Realisierung eines Software-Produktes.

Phasenmodelle sind eine spezielle Ausprägung von Software-Entwicklungsmodellen. Sie modellieren die Software-Entwicklung aus der Sicht von Projektleitern. Grundlage der Phasenmodelle ist die Strukturierung der Software-Entwicklung als eine lineare Folge von klar abgegrenzten Arbeitsschritten, deren Ergebnisse sich jeweils in Form eines Dokumentes präsentieren und einem zeitlich vorgegebenen Rahmen folgen. Somit läßt sich der für den Projektleiter wichtige Projektstand aus dem Fortschritt der erstellten bzw. noch zu erstellenden Dokumente ablesen.

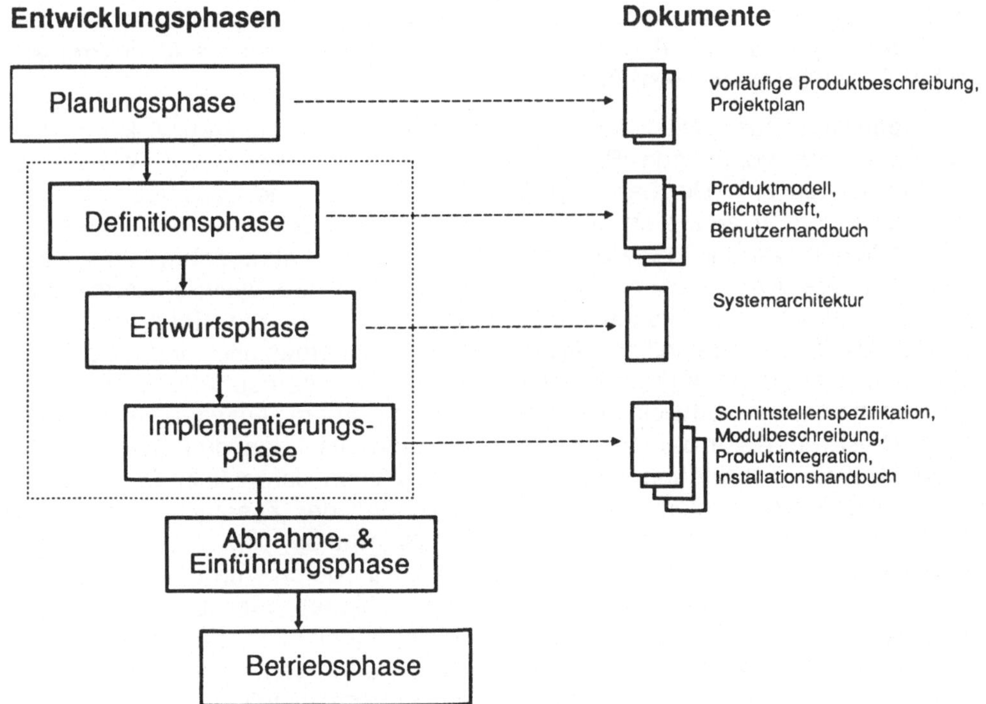

Jede Phase bezeichnet eine Gruppe von Schritten, die zu bestimmten Dokumenten führen. Die Planungsphase dient der Vorbereitung der Produktentwicklung. Die eigentliche Produktentwicklung findet von der Definitionsphase bis zur Implementierungsphase statt. Die nachfolgenden Abnahme- & Einführungsphase und Betriebsphase beinhalten die Übergabe des Produktes an den Auftraggeber und die Pflege des Produktes während des Betriebes. Im folgenden wird eine Übersicht über die Aktivitäten während der einzelnen Phasen und die Abhängigkeiten der Phasen voneinander gegeben. Dabei werden auch verfahrenstechnische Aspekte berücksichtigt.

Vor Beginn der eigentlichen Produktentwicklung wird in der Planungsphase die technische und ökonomische Durchführbarkeit durch eine Voruntersuchung geprüft. Dazu wird eine vorläufige Produktbeschreibung erstellt, die die funktionellen und qualitativen Vorstellungen des Auftraggebers und zukünftiger Benutzer des geplanten Produktes enthält. Anhand dieses Dokumentes wird die Verfügbarkeit der technischen Voraussetzungen festgestellt. Der Projektaufwand wird mit Hilfe verschiedener Kalkulationsverfahren untersucht. Die häufigste Grundlage dieser Schätzverfahren ist die erwartete Größe des Programmcodes in "Lines of Code" (LOC). Der Projektablauf wird dann in einem Projektplan festgelegt. Für jede Phase werden deren Dauer und die Zahl der beteiligten Mitarbeiter projektiert. Der Visualisierung solcher Projektpläne dienen beispielsweise Balkendiagramme.

Die Definitionsphase bildet den Start der eigentlichen Produktentwicklung. Auf der Basis der vorläufigen Produktbeschreibung wird festgelegt, **WAS** das System leisten soll. Die beschriebenen funktionellen und qualitativen Anforderungen werden analysiert. Widersprüchliche Anforderungen oder fehlende Informationen werden in Rücksprache mit dem Auftraggeber und dem Benutzer des Produktes gelöst und ergänzt. Für die weitere Produktentwicklung ist es von entscheidender Bedeutung, daß die Konsistenz und Eindeutigkeit der gestellten Anforderungen sichergestellt sind, da beispielsweise aufgrund unpräzise definierter Anforderungen getroffene Entscheidungen in späteren Entwicklungsphasen nur mit großem Aufwand zu beheben sind. Die Ergebnisse der Definitionsphase werden in den drei Dokumenten Produktmodell, Pflichtenheft und Benutzerhandbuch dargestellt. Das graphische Produktmodell dient der Veranschaulichung der Zusammenhänge der Funktionen des Produktes bei der Kommunikation zwischen Software-Entwickler und Auftraggeber. Die Erstellung wird durch Verfahren wie z.B. SADT (Structured Analysis and Design Technique) oder SA (Structured Analysis) unterstützt. Das Pflichtenheft bildet einen Teil der vertraglichen Grundlage zwischen Software-Entwickler und Auftraggeber. Hier werden die Benutzerfunktionen, die zugehörigen Benutzerschnittstellen und die zum Betrieb notwendigen Voraussetzungen beschrieben. Das Benutzerhandbuch stellt die im Pflichtenheft beschriebenen Eigenschaften des Produktes in einer für den Benutzer verständlichen Form dar.

Im Gegensatz zur Defintionsphase, in der das zu erstellende Produkt aus der Sicht von Auftraggeber und Benutzer betrachtet wird, ist die Aufgabe der Entwurfsphase die Entwicklung einer software-technischen Konzeption, die angibt, **WIE** das Produkt die gestellten Anforderungen realisieren soll. Das Produkt wird in einzelne Komponenten zerlegt, deren Leistungen im Detail beschrieben werden. Das Ziel dieser Zerlegung ist die Reduzierung der Komplexität der Aufgabe durch die Bildung von kleineren Einheiten, um dadurch ein höheres Maß an Zuverlässigkeit und Verständlichkeit zu erreichen. Die Zerlegung des Produktes in Komponenten stellt eine kreative Tätigkeit dar, die verfahrenstechnisch unterstützt wird. Beispiele für derartige Verfahren sind das funktionsorientierte "Composite/Structured Design" und das datenorientierte "Jackson Design". Das Ergebnis der Entwurfsphase wird in der Beschreibung der Systemarchitektur festgehalten. Für die Beschreibung des Funktions- und Leistungsumfangs der einzelnen Komponenten stehen verschiedene semiformale und formale Sprachen zur Verfügung. Die Abhängigkeiten der Komponenten voneinander werden zusätzlich in der Form eines Diagramms oder einer Matrix der Benutzt-Relation dargestellt. Die Qualität der gewählten Dekomposition ist eine wesentliche Voraussetzung für die Qualität des Endproduktes und kann gar nicht sorgfältig genug vorgenommen werden.

Ziel der Implementierungsphase ist die software-technische Realisierung des zu erstellenden Produktes. Die Grundlage zur Entwicklung der notwendigen Datenstrukturen und Algorithmen bildet die beschriebene Systemarchitektur. Jede Komponente wird einzeln realisiert und ihre Leistungsanforderungen werden geprüft. Die für die getrennte Durchführung der Implementierung zwischen den Entwicklern notwendigen Absprachen werden in der Schnittstellenspezifikation festgehalten. Nach Fertigstellung der Komponenten wird die Systemintegration durchgeführt. Die Funktionalität und Qualität des Systems werden mit den Anforderungen verglichen. Auftretende Abweichungen werden korrigiert. Um auch den Betrieb des Produktes zu unterstützen, wird ein Installationshandbuch erstellt. Das Ergebnis der Implementierungsphase wird für das gesamte System in der Schnittstellenspezifikation und dem Installationshandbuch und für jede Komponente in der Beschreibung des Programmentwurfs, des Quellprogramms und der Tests dokumentiert.

Die Abnahme- & Einführungsphase beinhaltet die Übergabe des fertiggestellten Produktes an den Auftraggeber. Innerhalb einer Abnahme-Testserie prüft der Auftraggeber die Einhaltung der definierten funktionellen und qualitativen Anforderungen und bestätigt schriftlich die Annahme (- im juristischen Sinne -) des Produktes. Die Einführung des Produktes, also die Installation und Inbetriebnahme, muß sorgfältig geplant werden. Besonders wichtig sind die Erstellung eines genauen Zeitplans, die Schulung der Benutzer und des Betriebspersonals sowie die Organisation der Übernahme großer Datenbestände.

Die Betriebsphase gehört nicht mehr zu den eigentlichen Entwicklungsphasen. Es handelt sich dabei um ereignisgesteuerte Tätigkeiten, die sich, je nach Lebensdauer des Produktes, über einen langen Zeitraum erstrecken können. In dieser Phase vorgenommene Änderungen werden als Ergänzungen in die Dokumente der Entwicklungsphasen aufgenommen, um jederzeit einen Überblick über die Realsierung der vom Produkt zur Verfügung gestellten Leistungen zu haben.

3. Entwicklungsmodell für das Software-Praktikum

3.1. Definitionsphase

Den Ausgangspunkt für die Software-Entwicklung bildet die während der Planungsphase erstellte, vorläufige Produktbeschreibung, in der die Vorstellungen des Auftraggebers und der zukünftigen Benutzer des Software-Produktes festgehalten werden. Im Verlauf der Definitionsphase werden die hierin formulierten Anforderungen analysiert, klassifiziert, auf Zusammenhänge, Widersprüche und Vollständigkeit geprüft und anschließend exakt beschrieben. Diese Beschreibung definiert die Aufgaben, die das zu erstellende Software-Produkt aus der Sicht der Benutzer zu leisten hat. Dabei werden jedoch keine Entscheidungen getroffen, welche die spätere Realisierung als Programm in einer Programmiersprache vorwegnehmen.

In der Definitionsphase wird daher ein verfahrenstechnischer Ansatz benötigt, nach dem die in der Planungsphase zum Teil unvollständig und ungeordnet aufgelisteten Anforderungen strukturiert und formalisiert werden können. Als Ergebnis wird ein präzises und widerspruchsfreies Definitionsdokument erwartet. Das Definitionsdokument muß in einer Form abgefaßt sein, die sowohl dem Auftraggeber und den Benutzern als auch den Software-Entwicklern verständlich ist. Nur so kann sichergestellt werden, daß Einvernehmen über die festgelegten Aufgaben besteht.

Die Definition der Anforderungen an ein Software-Produkt erfolgt in drei Schritten: der Produktmodellierung, der Erstellung des Pflichtenheftes und der Erstellung des Benutzerhandbuches. Während des ersten Schrittes, der Produktmodellierung, wird das der vorläufigen Produktbeschreibung zugrundeliegende Gedankenmodell herausgearbeitet, formalisiert und in übersichtlicher Form graphisch aufbereitet. Das graphische Modell bietet die Möglichkeit, Zusammenhänge zwischen Funktionen darzustellen. Fehlende Bezüge oder fehlende Funktionen können dem Modell entnommen werden. Das Pflichtenheft, das im zweiten Schritt erstellt wird, ergänzt das Modell durch eine exakte Beschreibung der Benutzerfunktionen, der zugehörigen Benutzerschnittstellen und der zum Betrieb notwendigen Umgebung. Im dritten Schritt wird das Benutzerhandbuch erstellt, das die im Pflichtenheft festgelegten Aufgaben des Produktes in der Ausdrucksweise der Benutzer und entsprechend ihrer Kenntnisse darstellt. Es ist in seinem Aufbau und in seinen Darstellungsformen nicht an die Struktur des Pflichtenheftes gebunden.

Das folgende Bild zeigt die drei Schritte der Definitionsphase und die entstehenden Teile des Definitionsdokumentes im Zusammenhang.

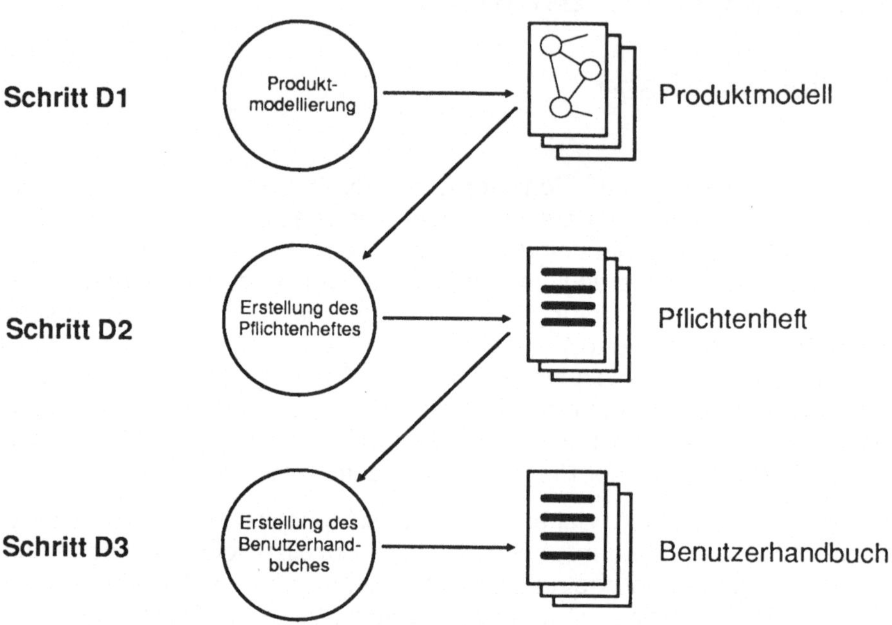

Das Ergebnis der Produktmodellierung wird im folgenden Schritt, der Erstellung des Pflichtenheftes, durch die Kontrolle überprüft, ob die angegebenen Beziehungen zwischen den Benutzerfunktionen mit deren Aufgaben übereinstimmen. Die Inhalte des Pflichtenheftes werden bei der Erstellung des Benutzerhandbuches überprüft. Dabei werden die Funktionen des Produktes benutzernah aufgrund der Angaben im Pflichtenheft beschrieben, wobei Ungenauigkeiten im Pflichtenheft deutlich werden.

Wird bei der Durchführung eines Schrittes ein Fehler in dem vorangegangenen erkannt, so muß dieser unbedingt beseitigt werden, da Produktmodell und Pflichtenheft die Grundlagen für die technische Realisierung in den Phasen Entwurf und Implementierung bilden.

Schritt D1: Produktmodellierung

Das Produktmodell erlaubt eine erste Konkretisierung der in der Planungsphase entwickelten Vorstellungen von den Aufgaben und Leistungen des Software-Produktes. Dabei werden Vollständigkeit und Konsistenz geprüft. Der Software-Entwickler wird gezwungen, sein Gedankenmodell von dem zu erstellenden Software-Produkt zu durchdenken und auszuformulieren. Ist es ihm nicht möglich, ein konsistentes Produktmodell zu formulieren, so weist diese Tatsache auf Mängel im Ergebnis der Planungsphase hin. In diesem Fall muß die Planungsphase - zumindest teilweise - erneut durchlaufen werden.

Das Produktmodell dient auch der Kommunikation zwischen Software-Entwickler, Auftraggeber und Benutzern des zu erstellenden Software-Produktes. Die graphische Darstellung bietet eine anschauliche, auch Anwendern verständliche Grundlage für die Klärung des Leistungsumfangs des Produktes und hilft auf diese Weise, Mißverständnisse und Mängel frühzeitig zu vermeiden.

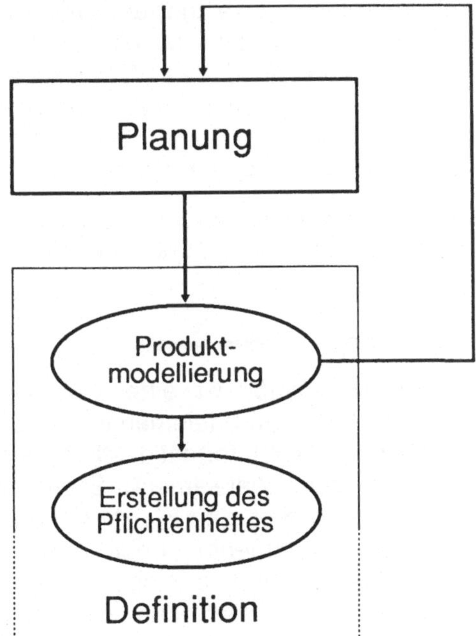

Das Prinzip der "schrittweisen Verfeinerung" bildet die Grundlage für die Modellierung des Produktes. Den Ausgangspunkt für die "schrittweise Verfeinerung" bildet eine abstrakte Beschreibungsebene, auf welcher die

Aufgaben des Produktes unter einem einzigen Begriff zusammengefaßt werden. Die Aussage dieser abstrakten Beschreibungsebene wird durch die Beschreibungen weiterer Ebenen konkretisiert, welche die Aufgaben des Produktes in der Form von Funktionen darstellen. Auf der untersten Ebene werden solche Funktionen höherer Ebenen konkretisiert durch die Funktionen, die der Benutzer als geschlossene Abläufe erfährt. Diese werden als Benutzerfunktionen bezeichnet. Da das Produktmodell das Produkt aus Benutzersicht beschreibt, stellen Benutzerfunktionen die kleinsten Betrachtungseinheiten dar. Ihre weitere Verfeinerung ist nicht zulässig.

Das Produktmodell ist eine graphische Darstellung der Produktaufgaben. Daher werden die den einzelnen Ebenen zugeordneten Verfeinerungen als Diagramme bezeichnet. Das oben beschriebene Verfahren führt somit zu einem Hierarchiebaum von Diagrammen, bei dem die Diagramme einer Ebene der Konkretisierung der darüberliegenden Ebene dienen.

Zur Darstellung der Diagramme wird eine Notation benutzt, die sich an der Notation des Verfahrens der "Structured Analysis" (SA) orientiert. SA wurde speziell für die Anforderungsanalyse und -definition geschaffen und basiert auf einer graphischen Beschreibung. Den Mittelpunkt dieser Beschreibung bilden die Diagramme, die entsprechend des Verfahrens der "schrittweisen Verfeinerung" entwickelt werden können. Diese Diagramme repräsentieren den Datenfluß zwischen den in den Diagrammen enthaltenen Funktionen und werden daher als Datenflußdiagramme bezeichnet.

Datenflußdiagramme werden aus vier Grundelementen zusammengesetzt, die als Datenfluß, Funktion, Datenmenge und Quelle/Senke bezeichnet werden.

Datenfluß

Symbol: →

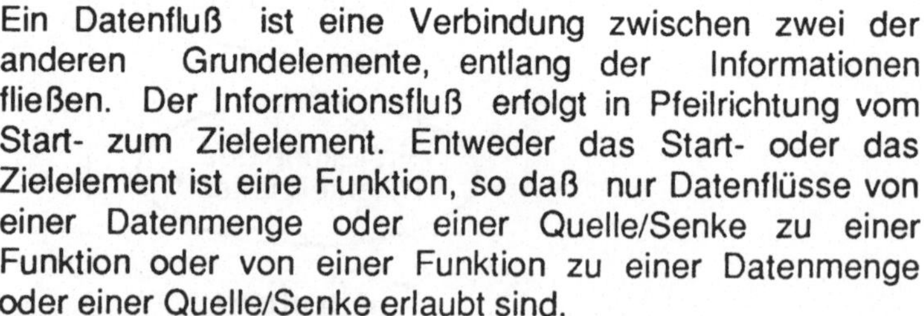

Ein Datenfluß ist eine Verbindung zwischen zwei der anderen Grundelemente, entlang der Informationen fließen. Der Informationsfluß erfolgt in Pfeilrichtung vom Start- zum Zielelement. Entweder das Start- oder das Zielelement ist eine Funktion, so daß nur Datenflüsse von einer Datenmenge oder einer Quelle/Senke zu einer Funktion oder von einer Funktion zu einer Datenmenge oder einer Quelle/Senke erlaubt sind.

Sofern Mißverständnisse ausgeschlossen sind, können auch bidirektionale Pfeile benutzt werden. Zur übersichtlicheren Gestaltung von Datenflußdiagrammen ist es gestattet, Datenflüsse, auf denen gleiche Informationen transportiert werden, zu vereinigen oder zu trennen.

Als Datenfluß werden auch Steuerinformationen aufgefaßt, die den Ablauf der Anwendung einer Funktion bestimmen. Mit Datenflüssen kann jedoch kein Kontrollfluß modelliert werden. Datenflußdiagramme enthalten keine Aussagen über die Reihenfolge, in der Funktionen ausgeführt werden.

Funktion

Symbol: ○

Eine Funktion ist eine komplexe, für den Benutzer sichtbare Aktion des Produktes. Jede Funktion stellt eine Transformation ihrer Eingangsdaten in Ausgangsdaten dar. Ein- und Ausgangsdaten sind durch die Orientierung der Datenflüsse erkennbar. Jede Funktion muß mindestens je einen Ein- und Ausgabedatenfluß besitzen. Auf der untersten Ebene der "schrittweisen Verfeinerung" entsprechen Funktionen den Benutzerfunktionen. Eine Funktion besitzt keine Möglichkeit, Informationen von einem Transformationsvorgang zum nächsten aufzubewahren.

Datenmenge

Symbol: ═

Eine Datenmenge ist eine Ablage von Informationen auf unbestimmte Zeit. Anzahl und Aufbau der Informationen, die in einer Datenmenge abgelegt werden, können variieren. Es kann sich um ein einzelnes Datum oder einen großen Datenbestand und um ein einfach strukturiertes Datum oder eine Sammlung von verschiedenartigen, komplexen Daten handeln. Ebenso werden keine Aussagen über die während der Implementierungsphase stattfindende Realisierung der Speicherung der Datenmenge gemacht. Jede Datenmenge muß mindestens einen Ausgangsdatenfluß besitzen, da eine Ablage von Informationen ohne weitere Verarbeitung nicht sinnvoll ist.

Quelle/Senke

Symbol: ▭

Eine Quelle/Senke ist ein Schnittpunkt zur Umwelt des Modells, d.h. eine Stelle, an der Informationen in das Modell eingehen oder es verlassen. Quelle/Senke sind sowohl Peripheriegeräte wie Tastatur, Drucker, Barcodeleser oder Plotter als auch Dateien innerhalb eines Betriebssystems, welche von anderen Produkten weiterbearbeitet werden sollen und die daher explizit außerhalb des Produktes bekannt sein müssen.

Ein Datenflußdiagramm kann beispielsweise folgendes Aussehen besitzen:

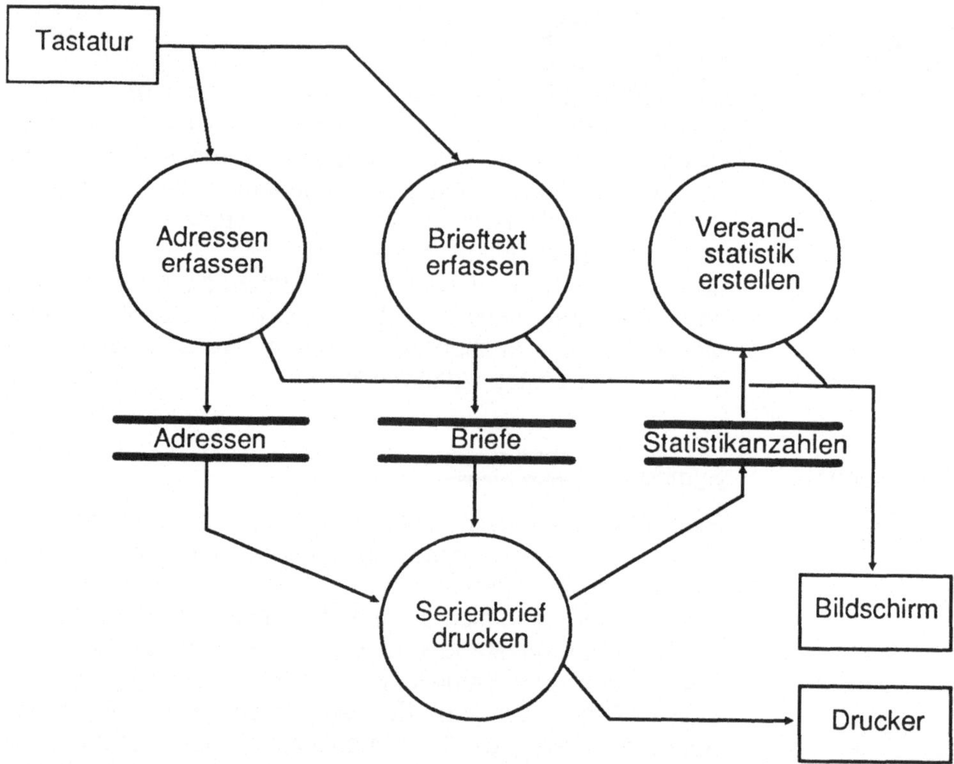

Das bei der Produktmodellierung mit Datenflußdiagrammen eingesetzte Verfahren der "schrittweisen Verfeinerung" führt zu einer Diagrammhierarchie, bei der die unteren Ebenen der Konkretisierung der Tätigkeiten der darüberliegenden Ebenen dienen.

Um eine geeignete Diagrammhierarchie zu erzielen ist es notwendig, daß die in einem Diagramm zusammengefaßten Funktionen auf einem vergleichbaren Abstraktionsniveau liegen. Die Entwicklung eines jeden Diagramms beginnt daher mit der Festlegung der Funktionen. Anschließend werden die gemeinsamen Datenmengen und die Quellen/Senken bestimmt und zum

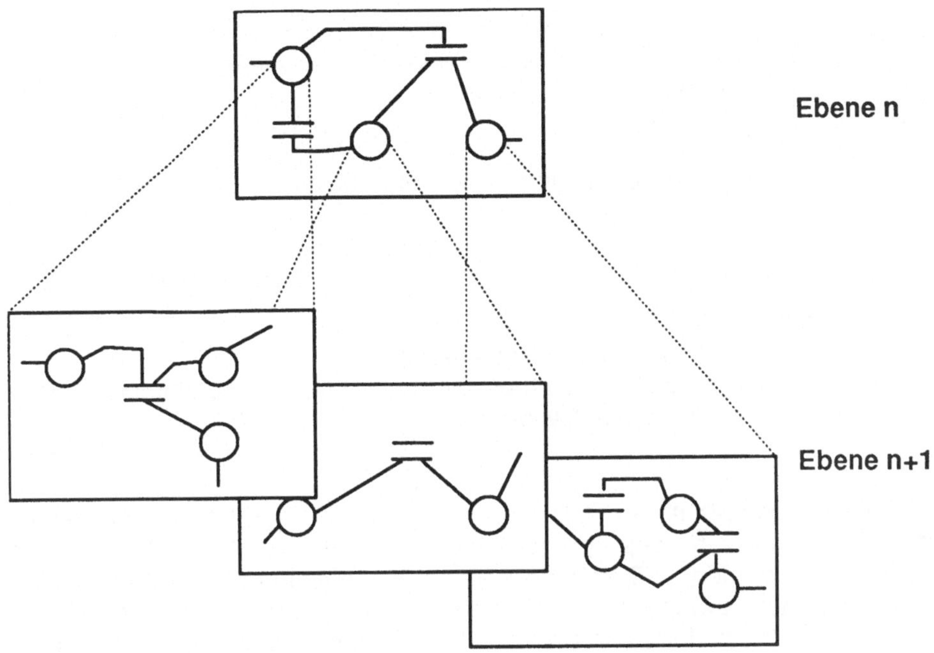

Abschluß um die Datenflüsse, die die Verbindungen darstellen, ergänzt. Datenmengen und Quellen/Senken, die nur von einzelnen Funktionen benötigt werden, werden erst in den Verfeinerungen dieser Funktionen aufgeführt. Insbesondere werden Datenmengen, die nur von einer Benutzerfunktion bearbeitet werden, nicht in Datenflußdiagrammen dargestellt.

Alle Elemente eines Datenflußdiagramms werden mit eindeutigen, aussagefähigen Bezeichnungen versehen. Funktionen und Diagramme erhalten zusätzlich eine Nummer, die eine Einordnung in die Diagrammhierarchie ermöglicht. Funktionen erhalten die Nummer des Diagramms, in welchem sie dargestellt werden, erweitert um die Angabe der Position innerhalb des Diagramms. Diagramme erhalten die Nummer der Funktion, die sie konkretisieren. Das Diagramm der höchsten Abstraktionsstufe, das die Wurzel des Diagrammbaums bildet, erhält keine Nummer.

Für jedes Diagramm wird zusätzlich ein Datenlexikon angelegt, welches eine informelle, aber vollständige Strukturbeschreibung aller Informationen enthält, die auf den Datenflüssen des Diagramms fließen. Im Datenlexikon werden nur Angaben zur Struktur und nicht zu der Zahl der Daten gemacht. Die informelle Beschreibung wird durch einige Symbole systematisiert.

Symbol	Bedeutung
"="	"ist gleichzusetzen mit"
","	"und"
"(..|..|..)"	"eine der durch | getrennten Alternativen wird ausgewählt"

Zur Verdeutlichung dient folgendes Beispiel zur Beschreibung einer Anschrift.

Postanschrift = Anrede,
(| Vorname), Nachname,
(Postfachnummer | Straßenname, Hausnummer),
Postleitzahl, Wohnort

Die Strukturbeschreibung im Datenlexikon endet mit Begriffen, deren Bedeutungen allen Lesern des Produktmodells verständlich sind. Weiterhin muß beachtet werden, daß nur die Strukturen von fließenden Daten, welche die Beziehungen zwischen den Grundelementen darstellen, beschrieben werden. Die Form, in der diese Daten in Datenmengen aufbewahrt werden, ist für das Produktmodell unerheblich und wird daher nicht beschrieben.

Aufbau und Gestaltung eines Diagramms können viel zu seiner Verständlichkeit beitragen. Daher darf ein Diagramm nicht mehr als fünf Funktionen enthalten. Die Hauptrichtung des Datenflusses innerhalb eines Diagramms besitzt die "natürliche" Orientierung von "links oben" nach "rechts unten". Ein- und Ausgabedatenflüsse stimmen in Position und Richtung mit denen der durch sie verfeinerten Tätigkeit überein. Das Datenflußdiagramm wird mit dem zugehörigen Datenlexikon auf einer Textseite zusammengefaßt.

Das bei der Produktmodellierung entstehende Dokument besitzt folgenden Aufbau:

1. Übersicht
2. Datenflußdiagramme (nach ihren Nummern geordnet)
2.1. DFD <Datenflußdiagramm 1>
...
2.n. DFD <Datenflußdiagramm n>

Die durch "<" und ">" eingeschlossenen Begriffe werden bei der Durchführung eines konkreten Produktes durch die produktspezifisch vergebenen Namen ersetzt.

Schritt D2: Erstellung des Pflichtenheftes

Das Pflichtenheft dient der Präzisierung und der Erweiterung der im Produktmodell vorgenommenen Darstellung von Benutzerfunktionen und Beziehungen. Das Pflichtenheft beschreibt die für den Benutzer sichtbaren Leistungen des Produktes und bildet die verbindliche Grundlage für Software-Entwickler und Auftraggeber während der weiteren Entwicklung. Das Pflichtenheft ist Bestandteil des Vertrags zwischen Software-Entwickler und Auftraggeber und muß daher eine ausreichende Präzision aufweisen, um bei Streitfällen eine Entscheidung zu ermöglichen.

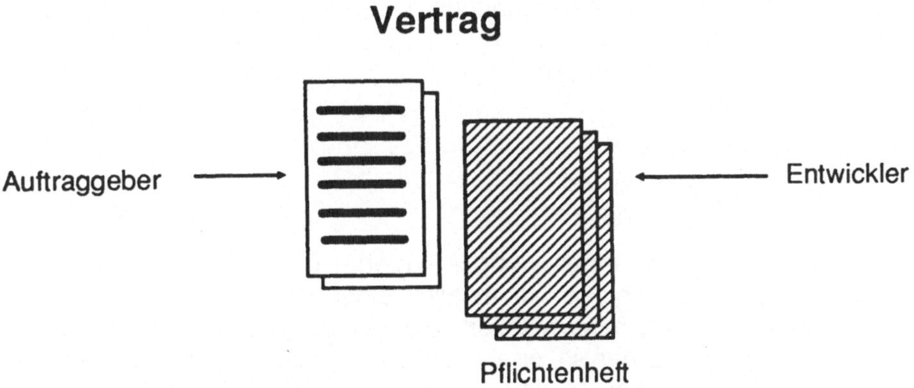

Das Pflichtenheft besteht aus sechs Teilen, die in der aufgeführten Reihenfolge nacheinander bearbeitet werden:

- Einführung,
- Produktumgebung,
- Funktionelle Anforderungen,
- Qualitätsanforderungen,
- Benutzerschnittstelle und
- Entwicklungsumgebung.

Zu allen Teilen müssen Aussagen gemacht werden, auch wenn diese nicht der vorläufigen Produktbeschreibung der Planungsphase entnommen werden können. In diesem Fall muß beim Auftraggeber rückgefragt werden, um dessen Wünsche zu ermitteln. Da die einzelnen Teile nur nacheinander erstellt werden können - beispielsweise ist die Gestaltung der Benutzerschnittstelle abhängig von den funktionellen Anforderungen und den Qualitätsanforderungen -, muß nach der Fertigstellung eines jeden Teils die Verträglichkeit mit den zuvor erstellten Teilen überprüft werden. Die Inhalte der einzelnen Teile werden nun detailliert vorgestellt.

- Einführung

  Die Einführung stellt die Zusammenfassung der Inhalte der folgenden Teile des Pflichtenheftes dar. Dabei steht die Beschreibung des vom Software-Produkt abgedeckten Problemkreises im Mittelpunkt. Insbesondere werden die besonderen Vorteile, die es von anderen Software-Produkten unterscheiden, und auch die Problemkreise, die es nicht abdeckt, erwähnt. Die Einführung gibt dem Leser die Möglichkeit, sich einen ersten Überblick über die Aufgaben und Leistungen des Produktes zu verschaffen.

- Produktumgebung

  Im zweiten Teil des Pflichtenheftes wird die Einbettung des Software-Produktes in seine Umwelt beschrieben. Dabei werden sowohl organisatorische als auch technische Aspekte berücksichtigt. Es werden Angaben zu den folgenden vier Punkten verlangt:

  - Anwendungsbereiche,
  - Anwendergruppen,
  - Software-Umgebung und
  - Hardware-Umgebung.

  Um falschen Erwartungen vorzubeugen, müssen die geplanten Anwendungsbereiche soweit wie möglich eingeschränkt werden. Darüber hinausgehende Einsatzmöglichkeiten, die eventuell eine Anpassung des Produktes oder der Organisation der Produktumgebung erfordern, werden mit dem entsprechenden Hinweis versehen. Sie sollten jedoch auf jeden Fall erwähnt werden.

  Bei der Beschreibung der Anwendergruppen wird besonderes Gewicht auf die Angabe der vorausgesetzten Kenntnisse und Erfahrungen der Anwender mit (ähnlichen) Software-Produkten gelegt. Durch eine eventuell angepaßte Gestaltung des Produktes - beispielsweise der Funktionalität und der Benutzerschnittstelle - kann dann leicht eine größere Akzeptanz durch die Anwender erzielt werden. Bei der Beschreibung der Software- und Hardware-Umgebung muß jeweils eine deutliche Unterscheidung zwischen der Minimalkonfiguration, die zum Betrieb des Software-Produktes notwendig ist, und der zum Betrieb vorgesehenen, wünschenswerten Konfiguration vorgenommen werden. Die Software-Umgebung umfaßt alle beim Betrieb (- nicht bei der Entwicklung -) benötigten Software-Produkte. Die Hardware-Umgebung setzt sich sowohl aus dem Rechner als auch aus den Peripheriegeräten zusammen.

- Funktionelle Anforderungen

  Die funktionellen Anforderungen werden in enger Anlehnung an das Produktmodell beschrieben. Die einzelnen Benutzerfunktionen, die als nicht verfeinerte Tätigkeiten aus dem Produktmodell hervorgehen, werden informell vorgestellt. Der Bezug wird durch die Angabe der im Produktmodell vergebenen Nummern hergestellt.

  Die Wirkung jeder einzelnen Funktion wird durch die Angabe des Ergebnisses ihrer Anwendung beschrieben. Bei dieser Beschreibung wird kein Algorithmus erläutert. Das Festlegen von Algorithmen findet erst in der Implementierungsphase statt. Erfordert eine Funktion einen bestimmten, in der Definitionsphase bereits festliegenden Algorithmus, so ist dieser aufzunehmen als Qualitätsanforderung mit einem Hinweis auf die Benutzerfunktion, zu deren Realisierung er beitragen soll.

  Die Beschreibung des Ergebnisses der Anwendung einer Benutzerfunktion erfolgt ohne die Angabe konkreter Ein- und Ausgabeformate. Die Beschreibung muß daher in verbaler Form alle Eigenschaften des Ergebnisses zusammenfassen. Hierbei muß besonders darauf geachtet werden, daß alle Sonder- und Fehlerfälle erfaßt werden.

- Qualitätsanforderungen

  Hier werden alle Anforderungen des Auftraggebers zusammengefaßt, die sich auf die Qualität des zu erstellenden Software-Produktes beziehen. Dazu zählen beispielsweise Vorgaben für Laufzeit oder Speicherplatzbedarf, Wiederverwendbarkeit von Produktteilen, Forderungen nach der Wiederverwendung bereits existierender Produkte, bestimmten Algorithmen, Programmiersprachen oder einem Zugriffsschutz für spezielle Daten. Qualitätsanforderungen können sich auf das gesamte Produkt oder auf einzelne Teile beziehen. Der Bezug muß unmißverständlich und genau spezifiziert werden.

- Benutzerschnittstelle

  Im Teil "Benutzerschnittstelle" werden alle Kommunikationspfade zwischen dem Produkt und seinen Benutzern beschrieben, wobei als Benutzer auch andere Software-Produkte aufgefaßt werden können, die Informationen mit dem zu erstellenden Software-Produkt austauschen. Arbeiten verschiedene Benutzergruppen, die unterschiedliche Schnittstellen vorfinden, mit dem Produkt, so muß dieser Teil mit der Darstellung des Benutzermodells beginnen. Das Benutzermodell gibt an, welche Benutzergruppen auf welche Gruppen von Funktionen Zugriff haben.

Es folgt eine allgemeine Charakterisierung der Kommunikationsstrategie, die darstellt, in welcher Form und mit welchen Ein- und Ausgabegeräten die Kommunikation mit dem Benutzer abläuft. Als Beispiele für mögliche Formen der Kommunikation am Bildschirmarbeitsplatz können Menüs, Kommandosprachen oder Abfragesequenzen dienen. Für jede Benutzergruppe des Benutzermodells muß eine eigene Kommunikationsstrategie festgelegt werden.

Die Beschreibung des konkreten Kommunikationsaufbaus, d.h. die Angabe der genauen Bildschirmmasken und Drucklayouts, schließt die Darstellung der Benutzerschnittstelle ab. Die Formate von Masken und Layouts werden graphisch beschrieben. Alle Formate werden aufgeführt. Variable Feldinhalte sind als solche zu kennzeichnen und ihre möglichen Inhalte allgemein zu beschreiben. Der Bezug zwischen den im Teil "funktionelle Anforderungen" beschriebenen Benutzerfunktionen und dem konkreten Kommunikationsaufbau wird durch eindeutige Verweise erklärt.

Besondere Schwierigkeiten bei der Beschreibung bereiten Ausgaben auf Geräten, die eine dynamische Änderung von Teilen dieser Ausgaben erlauben, wie es z.B. bei Bildschirmsichtgeräten der Fall ist. Bei der Beschreibung der Formate bei solchen Geräten ist die deutliche Abgrenzung von Formatteilen, die statisch sind, und solchen, die sich dynamisch ändern, notwendig. Gegebenenfalls muß die graphische Darstellung um eine informelle, textuelle Beschreibung der Dynamik erweitert werden. Es ist jedoch wichtig, daß der Leser des Pflichtenheftes in jedem Fall auch ein optisches Abbild zur Unterstützung seiner Vorstellung erhält.

- Entwicklungsumgebung

Die Software- und Hardware-Umgebung bei der Produkterstellung muß nicht mit der Umgebung identisch sein, die im Teil "Produktumgebung" beschrieben wurde. Die Kenntnis von Unterschieden hat Auswirkungen sowohl auf die Implementierung als auch auf den nachfolgenden Test. Der präzisen Beschreibung der Entwicklungsumgebung, unter der besonderen Berücksichtigung der Unterschiede zur geplanten Produktumgebung im Betrieb, kommt daher eine große Bedeutung zu.

Das Pflichtenheft besitzt somit folgenden Aufbau:

1. Gliederung

2. Einführung

3. Produktumgebung
3.1. Anwendungsbereiche
3.2. Anwendergruppen
3.3. Software-Umgebung
3.4. Hardware-Umgebung

4. Funktionelle Anforderungen
(Benutzerfunktionen nach Nummern des Produktmodells geordnet)
4.1. <Benutzerfunktion 1>
...
4.n. <Benutzerfunktion n>

5. Qualitätsanforderungen
5.1. <Qualitätsanforderung 1>
...
5.n. <Qualitätsanforderung n>

6. Benutzerschnittstelle
6.1. Benutzermodell
6.2. Kommunikationsstrategie
6.3. Kommunikationsaufbau
(Bildschirmmasken und Drucklayouts in der Reihenfolge der zugehörigen Benutzerfunktionen geordnet)
6.3.1. Formate für <Benutzerfunktion 1>
...
6.3.n. Formate für <Benutzerfunktion n>

7. Entwicklungsumgebung

Schritt D3: Erstellung des Benutzerhandbuches

Das Benutzerhandbuch ist die Aufbereitung von Produktmodell und Pflichtenheft mit dem Ziel, Gebrauch und Verhalten des Software-Produktes den Benutzern zu erläutern. Für den Entwickler ist die Erstellung des Benutzerhandbuches im Anschluß an die Erstellung des Pflichtenheftes eine Kontrolle, mittels derer überprüft werden kann, inwieweit die Benutzerschnittstelle verständlich gestaltet wurde. Läßt sich das Verhalten des Produktes im Benutzerhandbuch nur mühsam in der Sprachwelt des Benutzers beschreiben, so ist zu erwarten, daß bei der Benutzung Verständnisprobleme auftreten.

Die zusätzliche Festlegung der Anforderungen an das Produkt in Form des Benutzerhandbuches in einem frühen Schritt der Produktentwicklung hat mehrere Vorteile:

- Die Kommunikation zwischen Benutzer und Software-Produkt wird in jedem Fall unabhängig von Entscheidungen in späteren Phasen festgelegt. Der Benutzer steht bei der Gestaltung der Benutzerschnittstelle im Vordergrund.

- Auftraggeber und Benutzer können sich einen besseren Eindruck von der Brauchbarkeit des Produktes verschaffen.

- Dem Auftraggeber wird ein zusätzliches Kontrollinstrument für die Abnahme des Produktes nach dessen Fertigstellung angeboten.

- Die Vorbereitung auf den Produkteinsatz kann durch die Schulung von Benutzern bereits während der noch laufenden Entwicklung stattfinden. Dadurch kann die Einführungsphase verkürzt werden. Notwendige Unterbrechungen des Routinebetriebs können entfallen oder in ihren Auswirkungen reduziert werden.

Die Qualität des Benutzerhandbuches wird durch das Einhalten von Richtlinien für seine inhaltliche Gestaltung gesichert. Das Schreiben eines Benutzerhandbuches erfordert aber zusätzlich die Fähigkeit des Autors, sich in die Situation künftiger Benutzer hineinversetzen zu können. Im Anschluß an die Fertigstellung des Benutzerhandbuches muß das Einhalten der folgenden Richtlinien überprüft werden. Darüberhinaus muß das Benutzerhandbuch einer Revision unterzogen werden, bei der sowohl seine sachliche Richtigkeit als auch seine Verständlichkeit untersucht werden. Die Untersuchung auf sachliche Richtigkeit kann vom Entwickler vorgenommen werden, die Untersuchung auf Verständlichkeit sollte von einem späteren Benutzer durchgeführt werden.

Richtlinien für die Gestaltung des Benutzerhandbuches:

- Ein Benutzerhandbuch ist genau an eine Benutzergruppe anzupassen. Existieren mehrere Benutzergruppen, so ist für jede ein gesondertes Handbuch zu erstellen. Verweise auf die Handbücher anderer Benutzergruppen sind jedoch erlaubt, um Redundanz zu vermeiden.

- Ein Benutzerhandbuch ist in seinem Sprach- und Abstraktionsniveau auf die angesprochene Benutzergruppe zuzuschneiden. Daher müssen unverständliche "Wortschöpfungen" und Ausdrücke aus der Fachsprache der Software-Entwickler vermieden werden. Die Begriffsbildung aus dem Pflichtenheft muß nicht übernommen werden.

- Am Anfang eines Benutzerhandbuches steht immer eine Einleitung mit Hinweisen für den Gebrauch des Handbuches. Diese umfaßt Angaben über die Zielsetzung des Software-Produktes, typische Anwendungsfälle, die benötigten Vorkenntnisse sowohl für die Benutzung des Produktes als auch zum Verstehen des Handbuches und eine Übersicht über die Abhängigkeiten der Kapitel des Benutzerhandbuches untereinander.

- Den Abschluß des Benutzerhandbuches bildet ein Glossar, in welchem die Einzelfunktionen des Produktes von einem mit der Bedienung vertrauten Benutzer schnell nachgeschlagen werden können.

- Der Aufbau des Handbuches orientiert sich am Regelfall der Anwendung. Alternative Arbeitsabläufe und Einsatzmöglichkeiten sowie selten angewandte Funktionen werden als solche gekennzeichnet.

- Graphische Darstellungen, Skizzen und Tabellen unterstützen die Beschreibung. Lange verbale Beschreibungen von Bildschirm- und Druckausgaben sind zu vermeiden und durch eine Wiedergabe des ausgegebenen Formates zu ersetzen.

- Prägnante Beispiele erhöhen die Verständlichkeit und Akzeptanz des Benutzerhandbuches. Vielfach ist es günstig, das Benutzerhandbuch auf der Grundlage eines Beispiels aufzubauen und so dem Leser die Möglichkeit zu geben, die Anwendung praktisch nachzuvollziehen.

- Der Leser benötigt Aufsetzpunkte, an denen er überprüfen kann, ob sein praktisches Handeln zu den im Benutzerhandbuch beschriebenen Wirkungen führt. Aufsetzpunkte erleichtern die Orientierung und stärken bei Übereinstimmung das Vertrauen des Benutzers sowohl in das Handbuch als auch in das Produkt.

- Warnungen, die auf mögliche Fehlbenutzungen hinweisen, sind ebenfalls notwendiger Bestandteil des Benutzerhandbuches. Sie müssen auch optisch deutlich hervorgehoben werden.

- Häufige Wiederholungen sind unerwünscht. Die Gemeinsamkeiten ähnlicher Abläufe werden nur einmal erläutert. Auf diese Weise wird der Text gestrafft und dem Nachlassen der Aufmerksamkeit des Lesers aufgrund zahlreicher Wiederholungen vorgebeugt.

- Humor und etwas Selbstironie führen zu einer lebhafteren und damit leichter lesbaren Beschreibung des Produktes. Die Seriosität der Angaben des Handbuches muß dabei jedoch erhalten bleiben.

3.2. Entwurfsphase

Aufgabe der Entwurfsphase ist die Entwicklung einer software-technischen Konzeption zur Realisierung der funktionalen und qualitativen Produktanforderungen, wie sie im Pflichtenheft der Definitionsphase beschrieben sind. Das erstellte Dokument ist die Systemarchitektur, die Beschreibungen des Funktionsumfangs der einzelnen Komponenten und ihrer Beziehungen zueinander.

Das im folgenden vorgestellte Verfahren erstellt die Systemarchitektur inkrementell in fünf Schritten:

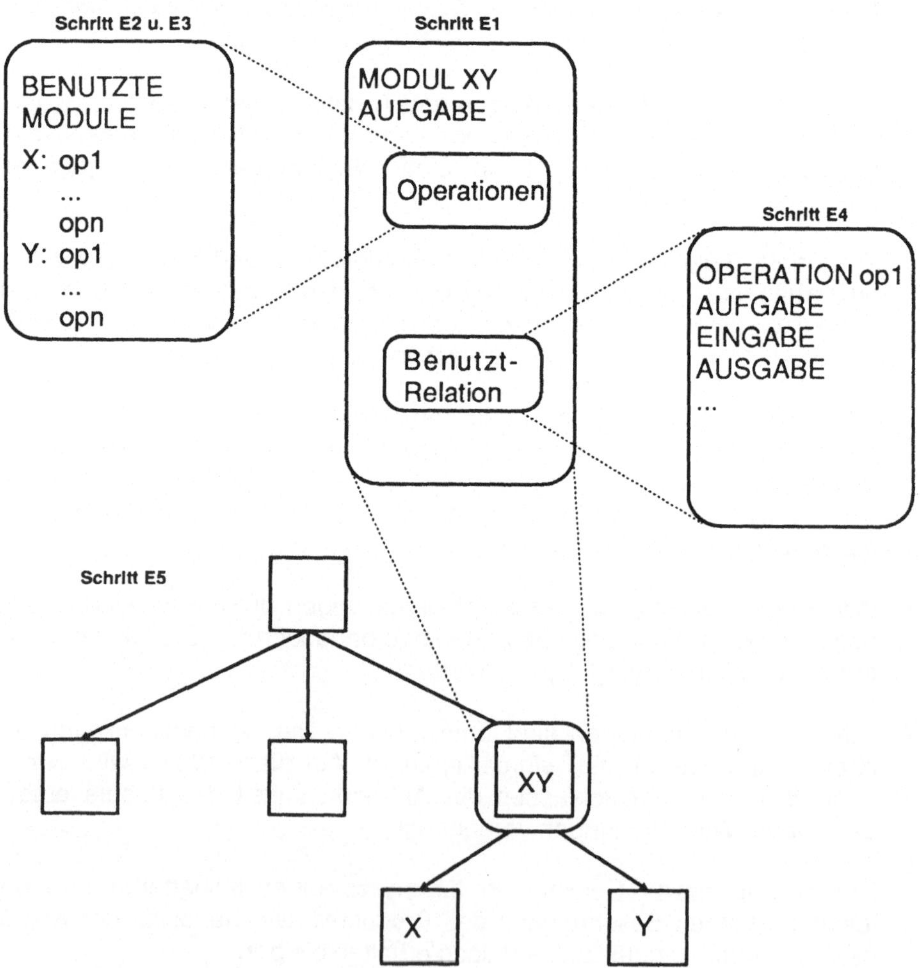

Schritt E1: Modularisierung

Die Zerlegung des Systems in Module basiert auf den Prinzipien der funktionalen Abstraktion und der Datenabstraktion.

Eine funktionale Abstraktion stellt eine Leistung in Form einer abstrakten Operation zur Verfügung. Nimmt man beispielsweise ein Software-System für Bankanwendungen, so ist die Zinsberechnung aus den Werten Kapital, Zinssatz, Anfangsdatum und Enddatum eine abstrakte Operation. Die Beschreibung der durch die funktionale Abstraktion zur Verfügung gestellten Leistung lautet: Gibt man die vier Werte an, so ist das Ergebnis bei Anwendung der Funktion "Zinsberechnung" der Zins für das Kapital in dem angegebenen Zeitraum. Es ist zu beachten, daß nicht der Algorithmus zur Ermittlung des Zinses angegeben wird, sondern nur das Ergebnis der abstrakten Operation, also nicht **WIE**, sondern **WAS** die Operation leistet, wird beschrieben.

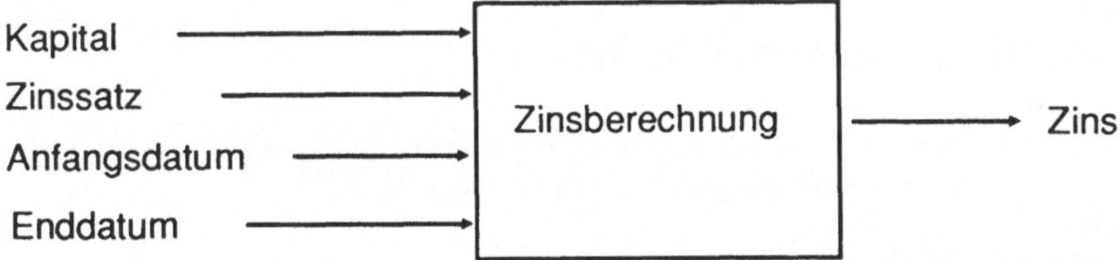

Zur Erläuterung des Begriffs der Datenabstraktion wird zunächst die Definition eines Datentyps betrachtet. Ein Datentyp umfaßt eine Menge von Werten und die auf dieser Menge erlaubten Operationen.

Beispiel: Standarddatentyp INTEGER
Wertemenge: maschinenabhängige Untermenge ganzer Zahlen
erlaubte Operationen: +, -, *, div, mod, ...

Betrachtet man dazu die Programmiersprache MODULA-2, so definiert man durch VAR A: INTEGER das Datenobjekt mit dem Namen A vom Typ INTEGER. Der Wertebereich des Datenobjektes und die auf diesem Datenobjekt erlaubten Operationen werden durch den maschinenabhängigen Standardtyp bestimmt.

Bei der Datenabstraktion werden zwei Grade unterschieden:

- "einfache" Datenabstraktion und
- abstrakte Datentypen.

Die "einfache" Datenabstraktion beschreibt direkt ein Datenobjekt mit den auf diesem Objekt möglichen Zugriffsoperationen und nicht einen Typ, von dem mehrere Objekte vereinbart werden können. Die Vereinbarung einer "einfachen" Datenabstraktion entspricht der Vereinbarung einer Variablen.

Ein Beispiel für die "einfache" Datenabstraktion ist ein Keller zur Ablage ganzer Zahlen.

Die abstrakte Beschreibung besitzt folgende Form:

```
MODUL      Integer-Stack
AUFGABE    Ablage ganzer Zahlen in einem Keller

OPERATION Push
AUFGABE    die Zahl wird im Keller abgelegt, bei Überlauf wird Fehler auf
           WAHR gesetzt, sonst auf FALSCH.
EINGABE    Zahl : GANZE ZAHL
AUSGABE    Fehler : WAHRHEITSWERT

OPERATION Pop
AUFGABE    die oberste Zahl wird aus dem Keller entfernt, bei leerem Keller
           wird Fehler auf WAHR gesetzt, sonst auf FALSCH.
EINGABE
AUSGABE    Fehler : WAHRHEITSWERT

OPERATION Top
AUFGABE    die oberste Zahl wird im Keller gelesen, bei leerem Keller wird
           Fehler auf WAHR gesetzt, sonst auf FALSCH.
EINGABE
AUSGABE    Zahl : GANZE ZAHL
           Fehler : WAHRHEITSWERT
```

Eine mögliche Realisierung (in MODULA-2):

```
MODUL IntegerStack;

CONST MaxTiefe = 100;

VAR Keller: ARRAY [1..MaxTiefe] OF INTEGER;
    AktTiefe: INTEGER;

PROCEDURE Push (Zahl: INTEGER; VAR Fehler: BOOLEAN);
BEGIN
    IF AktTiefe < MaxTiefe
    THEN AktTiefe := AktTiefe + 1;
        Keller[AktTiefe] := Zahl;
        Fehler := FALSE
    ELSE Fehler := TRUE
    END
END Push;
```

```
PROCEDURE Pop (VAR Fehler: BOOLEAN);
BEGIN
   IF AktTiefe >= 1
   THEN AktTiefe := AktTiefe - 1;
      Fehler := FALSE
   ELSE Fehler := TRUE
   END
END Pop;

PROCEDURE Top (VAR Zahl: INTEGER; VAR Fehler: BOOLEAN);
BEGIN
   IF AktTiefe >= 1
   THEN Zahl := Keller[AktTiefe];
      Fehler := FALSE
   ELSE Fehler := TRUE
   END
END Top

END IntegerStack.
```

Die Verallgemeinerung der "einfachen" Datenabstraktion, der abstrakte Datentyp, erlaubt die Definition eines Datenabstraktionstyps. Es wird nicht mehr ein einzelnes Datenobjekt, sondern durch die Definition eines Typs eine ganze Klasse von Datenobjekten mit den verfügbaren Operationen definiert. Um eine Variable dieses Typs verwenden zu können, muß sie erst, wie bei Standardtypen auch, vereinbart werden.

Der Vorteil der funktionalen Abstraktion und der Datenabstraktion ist die Reduzierung der Komplexität der Aufgabenstellung. Durch komplexe Datentypen und auf diesen definierten Operationen sowie die abstrakten Operationen der funktionalen Abstraktion stehen Hilfsmittel zur Verfügung, die auch komplexe Vorgänge leicht formulierbar machen.

Die Anwendung des Prinzips der funktionalen Abstraktion und der Datenabstraktion ist für den ungeübten Software-Entwickler nicht einfach. Daher sollen hier einige Hinweise zur Generierung der Module aus den Dokumenten der Definitionsphase gegeben werden.

Zunächst werden die Datenmengen der Datenflußdiagramme des Produktmodells analysiert und geeignete Datenabstraktionen gebildet. Die heterogene Struktur der Datenmengen führt dazu, daß nicht notwendigerweise eine eindeutige Abbildung genau einer Datenmenge in eine Datenabstraktion vorgenommen werden kann. Die entstehenden Datenabstraktionen werden als Datenmodule bezeichnet. Die Aufgabenbeschreibung eines Moduls enthält die verbale Beschreibung des definierten Datenobjektes. Die im Pflichtenheft beschriebenen Benutzerfunktionen werden in Operationen zerlegt, die dann zu funktionalen Abstraktionen in Module zusammengefaßt werden. Diese funktionalen Abstraktionen werden als Funktionsmodule bezeichnet. In der Aufgabenbeschreibung des Moduls wird sein Leistungsumfang beschrieben.

Das Ergebnis des ersten Schrittes ist eine Sammlung von Modulen mit folgenden Angaben:

FUNKTIONSMODUL <Modulname>
AUFGABE <Aufgabenbeschreibung>

oder

DATENMODUL <Modulname>
AUFGABE <Aufgabenbeschreibung>

Schritt E2: Festlegen von Operationen

Die Modulbeschreibungen werden um Operationen erweitert. Dabei kommt das Prinzip der funktionalen und informalen Bindung zum Einsatz. Mit Bindung wird der Zusammenhang der in Module zusammengefaßten Operationen bezeichnet.

Für Funktionsmodule wird eine funktionale Bindung angestrebt. Diese ist genau dann erreicht, wenn

- alle Operationen der Realisierung einer in sich abgeschlossenen Leistung dienen und
- keine Operation überflüssig ist.

Für Datenmodule wird eine informale Bindung angestrebt. Diese ist genau dann erreicht, wenn

- alle Operationen auf einer Datenstruktur arbeiten und
- die Datenstruktur nur in dieses Modul gehört.

Die Vorteile, die durch die Anwendung der Prinzipien der funktionalen und informalen Bindung erreicht werden, sind

- hohe Kontextunabhängigkeit,
  d.h. das Modul ist leicht gegen ein anders implementiertes Modul mit der gleichen Funktionalität austauschbar,
- hohe Zuverlässigkeit,
  d.h. geringe Fehleranfälligkeit bei Änderungen,
- hoher Grad der Wiederverwendbarkeit,
  d.h. das Modul kann aufgrund seiner Abgeschlossenheit auch in anderen Systemen eingesetzt werden, und
- leichte Erweiterbarkeit und Wartbarkeit,
  d.h. vorzunehmende Änderungen sind lokal auf ein Modul begrenzt.

Das Ergebnis des zweiten Schrittes ist die Erweiterung der Modulbeschreibungen um folgende Angaben:

für Datenmodule:

ZUGRIFFSOPERATION <Name>
AUFGABE <Aufgabenbeschreibung>

für Funktionsmodule:

FUNKTION <Name>
AUFGABE <Aufgabenbeschreibung>

Schritt E3: Festlegen von Parametern

Die Operationsbeschreibungen werden um die Ein- und Ausgabeparameter erweitert. Dabei kommt das Prinzip der schmalen Datenkopplung zum Einsatz.

Jedes Modul kommuniziert über Operationen, d.h. Funktionen oder Zugriffsoperationen, mit seiner Umwelt, was zu Abhängigkeiten, Verbindungen und Kopplungen führt. Benutzt ein Modul eine Operation aus einem anderen Modul, so wird die benutzte Operation in dem benutzenden Modul als importierte Operation und in dem die Operation zur Verfügung stellenden Modul als exportierte Operation bezeichnet.

Die von einem Modul exportierten Operationen sind für die Kontextabhängigkeit eines Moduls bedeutungslos, da es auf ein Modul keinen Einfluß hat, welches Modul die von ihm zur Verfügung gestellten Operationen benutzt.

Für die Kontextabhängigkeit interessant sind aber die von einem Modul importierten Operationen. Diese wird durch die Art der Kopplung bestimmt.

Die Art der Kopplung ist durch drei Faktoren bestimmt:

- den Kopplungsmechanismus,
- die Schnittstellenbreite und
- die Kommunikationsart.

Man unterscheidet drei verschiedene Möglichkeiten der Kopplung:

- Aufruf,
  d.h. ein Modul importiert eine Funktion oder Zugriffsoperation aus einem anderen Modul,
- Verzweigung,
  d.h. im Programmablauf wird an eine andere Stelle im Programm gesprungen und von dort nach Abarbeitung einer bestimmten Codesequenz wieder zur Verzweigungsstelle zurück, und

- externe Verbindung,
  d.h. ein Modul greift direkt auf Datenelemente eines anderen Moduls zu.

Das hier vorgestellte Verfahren bedient sich der ersten Möglichkeit. Module kommunizieren nur über den Aufruf von Operationen.

Die Breite der Schnittstellen ergibt sich aus:

- Anzahl der Parameter und
- Komplexität der Parametertypen.

Ziel ist es, die Anzahl der Parameter möglichst gering zu halten und weitgehend einfache Standardtypen zu verwenden.

Es wird unterschieden zwischen der Kommunikation über

- Daten,
  d.h. der aufgerufenen Operation eines Moduls werden nur die zur Verarbeitung notwendige Daten übergeben, oder über
- Steuerinformationen,
  d.h. der aufgerufenen Operation eines Moduls werden nur oder auch zusätzlich zu den zur Verarbeitung notwendigen Daten Informationen übergeben, die die Funktionsweise der Operation beeinflussen.

Beispiel: Eine Operation zur Ausgabe enthält als Parameter die Steuerinformation, ob die Ausgabe der in einem zweiten Parameter übergebenen Daten auf dem Bildschirm oder dem Drucker erfolgen soll.

Zur besseren Verständlichkeit und Übersichtlichkeit sollte die Kommunikation über reine Daten angestrebt werden, d.h. statt der Übergabe eines Steuerparameters wird für jede Ausprägung des Steuerparameters eine eigene Operation angeboten.

Die Vorteile bei Einhaltung des Prinzips der schmalen Datenkopplung sind eine hohe Kontextunabhängigkeit der Module, hohe Änderungsfreundlichkeit und leichte Erweiterbarkeit und Wartbarkeit sowie gute Verständlichkeit der Schnittstellen.

Um den Entwurf programmiersprachenunabhängig zu gestalten, wird zur Beschreibung der Typen der Parameter folgendes in Backus-Naur-Form dargestellte Typkonzept eingeführt:

```
<Typ>            ::=  WAHRHEITSWERT
                   |  REELLE ZAHL
                   |  GANZE ZAHL
                   |  ZEICHEN
                   |  MENGE VON <Typ>
                   |  LISTE VON <Typ>
                   |  <Aufzählungstyp>
                   |  <Datensatztyp>
```

<Aufzählungstyp> ::= (<Namensliste>)

<Namensliste> ::= <Name>
| <Name> , <Namensliste>

<Datensatztyp> ::= (<Komponentenliste>)

<Komponentenliste> ::= <Komponente>
| <Komponente> , <Komponentenliste>

<Komponente> ::= <Name> : <Typ>

Das Ergebnis des dritten Schrittes ist die Erweiterung der Operationsbeschreibungen um folgende Angaben:

EINGABE <Parameterliste>

AUSGABE <Parameterliste>

Jeder Parameter wird durch die Angabe des Namens, des Typs und einer Beschreibung seiner Aufgabe beschrieben.

<Parameter> ::= <Name> : <Typ> (<Aufgabenbeschreibung>)

Schritt E4: Bestimmen der Benutzt-Relation

Nach der Durchführung der Schritte E1 bis E3 ist die Leistung jedes Moduls umfassend beschrieben. Die Leistung des Systems wird durch das Zusammenspiel aller Module erbracht. Ziel dieses Schrittes ist die Dokumentation, welches Modul auf welche Operationen anderer Module zugreift. Dazu werden die Modulbeschreibungen um folgende Angaben erweitert:

BENUTZTE MODULE

<Modulname> (Name des Moduls, aus dem Operationen importiert werden)

<Liste der benutzten Operationen>

Schritt E5: Visualisierung der Benutzt-Relation

Um einen möglichst schnellen Überblick über die Abhängigkeiten der Module voneinander erhalten zu können, wird die Benutzt-Relation in einem Diagramm veranschaulicht. Dabei stellt jedes Modul einen Kasten dar, in den der Modulname eingetragen wird. Benutzt ein Modul mindestens eine Operation eines anderen Moduls, so wird diese Benutzung durch einen Pfeil von dem benutzenden zu dem benutzten Modul dargestellt.

Beispiel:

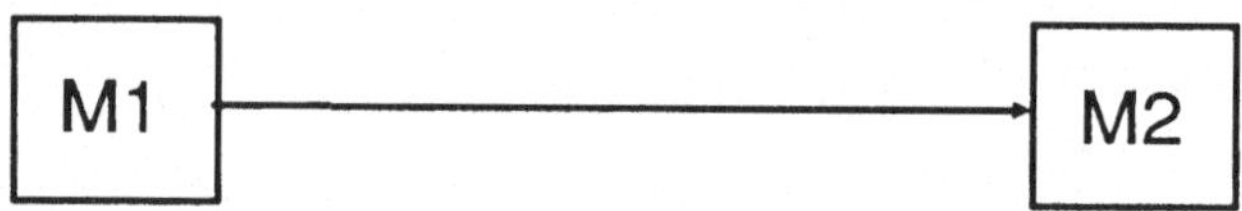

Modul M_1 benutzt Operation aus Modul M_2

Das Dokument der Entwurfsphase hat somit folgenden Aufbau:

1. Übersicht

2. Diagramm der Benutzt-Relation

3. Modulbeschreibungen

3.1. Datenmodule

3.1.1 DATENMODUL <D1>
AUFGABE <Aufgabenbeschreibung>

ZUGRIFFSOPERATION <D1_zop1>
AUFGABE <Aufgabenbeschreibung>
EINGABE <Parameterliste>
AUSGABE <Parameterliste>

...

ZUGRIFFSOPERATION <D1_zopn>

...

BENUTZTE MODULE
<M1>: <op1>
...
<opn>
...
<Mn>: <op1>
...
<opn>

...

3.1.n. DATENMODUL <Dn>

...

3.2. Funktionsmodule

3.2.1. FUNKTIONSMODUL <F1>
AUFGABE <Aufgabenbeschreibung>

FUNKTION <F1_fkt1>
AUFGABE <Aufgabenbeschreibung>
EINGABE <Parameterliste>
AUSGABE <Parameterliste>

...

FUNKTION <F1_fktn>

...

BENUTZTE MODULE
<M1>: <op1>
...
<opn>
...
<Mn>: <op1>
...
<opn>

...

3.2.n. FUNKTIONSMODUL <Fn>

...

3.3. Implementierungsphase

In der Implementierungsphase wird das ausführbare Programm als Realisierung des in Definitions- und Entwurfsphase beschriebenen Software-Produktes erstellt. Das Vorgehen bei der Implementierung ist an der technischen Struktur des Entwurfs ausgerichtet. Insgesamt erfolgt die Implementierung in sechs Schritten, von denen die Schritte I2, I3 und I4 unabhängig voneinander für jedes in der Entwurfsphase festgelegte Modul vorgenommen werden.

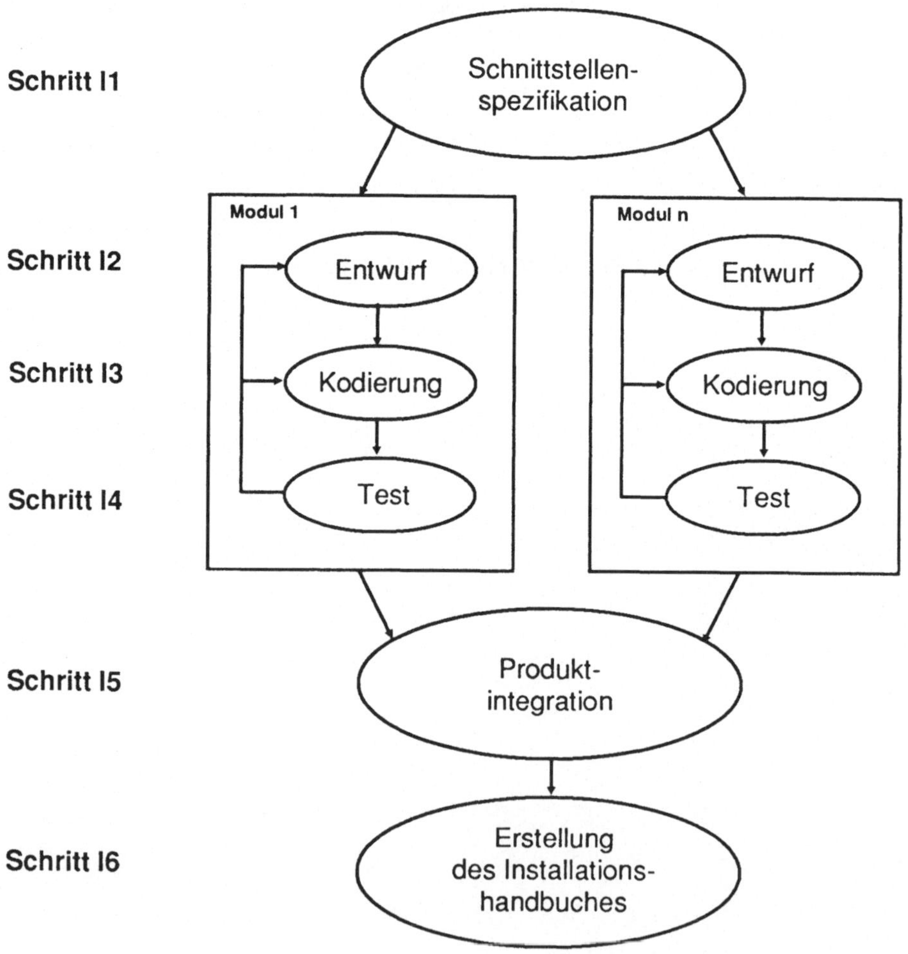

Schritt I1: Schnittstellenspezifikation

Die Schnittstellenspezifikation legt die für die Kodierung der einzelnen Module notwendigen Angaben so fest, daß die einzelnen Module unabhängig voneinander entwickelt werden können. Die in der Entwurfsphase vorgenommene Strukturierung des zu erstellenden Produktes ist nicht an eine bestimmte Programmiersprache gebunden, geht jedoch von einer Implementierung in einer imperativen, höheren Programmiersprache aus.

Auswahl und Festlegung der Programmiersprache (und des entsprechenden Compilers) sind daher die ersten Aufgaben innerhalb der Schnittstellenspezifikation. Die Auswahl sollte folgende Aspekte berücksichtigen:

- spezielle Eignung der Sprache für die Aufgabenstellung,
- Kenntnisse der Entwickler im Gebrauch der Sprache,
- Verfügbarkeit eines Compilers und der notwendigen Hardware und
- konzeptionelle Übereinstimmung zwischen dem hier vorgeschlagenen Entwurfsverfahren und den Konzepten der Programmiersprache.

Aus dem letzten Aspekt folgt, daß Programmiersprachen, die eine Modularisierung in der im Entwurf eingesetzten Form unterstützen, bei der Implementierung Vorteile besitzen, indem sie die vorgenommene Strukturierung in allen Schritten der Implementierung bewahren. Ein Vertreter dieser Gruppe von Programmiersprachen ist MODULA-2, aber auch ADA und SIMULA können hier genannt werden. Die Implementierung ist jedoch auch in anderen imperativen Programmiersprachen wie PASCAL, C, FORTRAN oder BASIC möglich. Bei diesen Sprachen muß jedoch zusätzlich die Form angegeben werden, die ein Erkennen der nicht durch die Sprache unterstützten Modularisierung in der Programmiersprachennotation erlaubt.

Nach der Auswahl der Programmiersprache und der Festlegung der Form der Modularisierung werden die im Entwurf angegebenen Operationen der Module und die Typen ihrer Parameter in die Notation der ausgewählten Programmiersprache übertragen. Dabei sollte versucht werden, die Begriffswelt des Entwurfs soweit wie möglich beizubehalten, d.h. Bezeichnungen für Operationen, Parameternamen oder Typen sollten aus dem Entwurf übernommen werden. Bei der Übertragung in eine Programmiersprache muß zudem auf Einheitlichkeit der entstehenden Programmiersprachentexte geachtet werden. Dies hilft, Fehler durch Mißverständnisse zu vermeiden.

Die Beschreibung der Schnittstellen besteht aus Teilen, die den angeführten Aufgaben des Schrittes "Schnittstellenspezifikation" entsprechen.

- Angabe der Programmiersprache
  Neben dem Namen der Sprache werden der Hersteller und die Bezeichnung (mit Versionsnummer) des Compilers angegeben.
- Modularisierungsform
  Hier erfolgt eine verbale Darstellung der Regeln, mit denen die Strukturierung des Entwurfs in die Implementierung übertragen wird.

Die folgenden Angaben werden für jedes Modul gemacht:

- Modulname
  Der Name des bearbeiteten Moduls wird angegeben. Stimmen die Bezeichnungen in Entwurf und Implementierung nicht überein, weil beispielsweise die Syntax der verwandten Programmiersprache dies nicht erlaubt, so wird ein entsprechender Verweis mit aufgenommen.
- Typdefinitionen für Parameter
  Die Typdefinitionen für Parameter werden in der Notation der Programmiersprache angegeben. Sofern keine Namensgleichheit zwischen Entwurf und Schnittstellenspezifikation besteht, wird für jeden Typ ein Verweis aufgenommen, der angibt, welcher Typ des Entwurfs durch ihn realisiert wird.
- Bezeichnungen der Operationen
  Die Realisierung der Operationen in der Programmiersprache mit Angaben über das zugehörige Vereinbarungskonstrukt, den Namen der Operationen und die Namen und Positionen der Parameter in der Parameterliste wird durch Konstrukte der Programmiersprache festgelegt.

Das bei der Schnittstellenspezifikation entstehende Dokument besitzt folgenden Aufbau:

1. Übersicht
2. Programmiersprache
3. Modularisierungsform
4. Modulschnittstellen
   (in der Reihenfolge der Module im Entwurf mit Namensangabe, Typdefinitionen und Operationen)

4.1. <Modul 1>

...

4.n. <Modul n>

Schritt I2: Modulentwurf

Dieser Schritt wird für jedes Modul unabhängig von der Bearbeitung anderer Module durchgeführt. Der Modulentwurf bestimmt die Struktur der modulinternen Realisierung der im Entwurf und in der Schnittstellenspezifikation festgelegten, von dem Modul exportierten Operationen.

Die Operationen erfüllen häufig komplexe Aufgaben, so daß eine nicht weiter verfeinerte Realisierung zu komplexen und damit nur schwer kodier- und testbaren Programmteilen führt. Innerhalb des Moduls wird daher eine weitere Strukturierung vorgenommen, bei der zur Realisierung der in Entwurf und Schnittstellenspezifikation beschriebenen, exportierten Operationen dienende Operationen festgelegt werden. Diese Operationen werden als "verborgen" oder "versteckt" (engl. "hidden") bezeichnet, da sie außerhalb des Moduls nicht sichtbar sind. Eine Benutzung außerhalb des Moduls ist nicht erlaubt und wird, soweit die gewählte Programmiersprache hierzu die Möglichkeit bietet, durch eine entsprechende Kodierung verhindert.

Die Darstellung der festgelegten, modulinternen Struktur erfolgt in zwei Teilen, den modulinternen Typdefinitionen und den Angaben der Bezeichnungen der versteckten Operationen.

- Modulinterne Typdefinitionen
  Die innerhalb des Moduls benötigten Datentypen werden in der Notation der Programmiersprache definiert und mit einem Kommentar versehen, welche Aufgabe der Datentyp innerhalb des Moduls erfüllt.
- Bezeichnungen der versteckten Operationen
  Analog zur Schnittstellenspezifikation werden für die versteckten Operationen Angaben über das zugehörige Vereinbarungskonstrukt, den Namen der Operation und die Namen und Positionen der Parameter in der Parameterliste durch Konstrukte der Programmiersprache festgelegt. Ergänzend werden in Kommentaren die Aufgaben der versteckten Operationen festgehalten.

Der Modulentwurf wird für jedes Modul mit der Modulkodierung und dem Modultest zu einer Modulbeschreibung zusammengefaßt. Die entstehenden Dokumente werden in der aus dem Entwurf übernommenen Reihenfolge der Module in einem Dokument vereinigt, das folgenden Aufbau besitzt:

1. Übersicht

2. Modulbeschreibungen
2.1. <Modul 1>
...
2.n. <Modul n>

Schritt I3: Modulkodierung

Kodierung bezeichnet die Darstellung von Algorithmen in der Notation einer Programmiersprache und die Übersetzung des Programmiersprachentextes in ein ausführbares Programm. Die Kodierung erfolgt getrennt für jedes Modul.

Den Rahmen für die Kodierung liefern die Dokumente der vorangehenden Phasen und Schritte. Die Definitionsunterlagen liefern die Beschreibung der Benutzerschnittstelle. Entwurf, Schnittstellenspezifikation und Modulentwurf bestimmen die Aufgaben der Operationen, die in der Programmiersprache realisiert werden müssen. Bei der Modulkodierung lassen sich Richtlinien für die Entwicklung der Algorithmen und für die Notation derselben in der Programmiersprache angeben. Für die Entwicklung von Algorithmen gelten folgende Richtlinien:

- Die Entwicklung von Algorithmen erfolgt "defensiv", d.h. der Programmierer verwendet - soweit vorhanden - Algorithmen, deren Brauchbarkeit sichergestellt ist. Das Wiederverwenden erprobter Programmteile vereinfacht den Entwicklungsvorgang. Dabei muß allerdings beachtet werden, daß die Wiederverwendung ungeeigneter Programmteile aufgrund der dann notwendig werdenden Anpassungen zu unübersichtlichen Programmen führt.
- Für komplexe Problemstellungen wird der Algorithmus schrittweise entwickelt, indem Teile kodiert und getestet werden, bevor mit der Entwicklung fortgefahren wird. Auf diese Weise werden ungeeignete Algorithmen erkannt und die Fehlerbeseitigung ist frühzeitig möglich.
- Sprunganweisungen werden nicht verwandt, da sie bei den hier betrachteten höheren Programmiersprachen für die Implementierung nicht notwendig sind und ihr Gebrauch in vielen Fällen zu unübersichtlichen Programmabläufen führt.
- Höhere Programmiersprachen ermöglichen eine Notation von Algorithmen in selbsterklärender Form. Trotzdem kann an vielen Stellen die Semantik der notierten Anweisungen nicht aus dem Programmtext entnommen werden. Diese Stellen müssen durch Kommentare erläutert werden. Kommentare gehören ebenso zum Programmtext wie die Vereinbarungen von Typen oder Variablen oder die ausführbaren Anweisungen. Kommentare werden daher gemeinsam mit diesen Programmteilen erstellt. Zu diesem Zeitpunkt sind die Probleme dem Entwickler noch vertraut und somit präzise beschreibbar. Eine Nachkommentierung (- häufig erst nach Abschluß von Kodierung und Test -) fällt dagegen häufig zu ungenau aus und ist daher nicht zulässig.

- Jede Operation in der Notation der Programmiersprache wird mit einem Kommentar versehen, der den Namen des Autors und das Datum der Fertigstellung enthält.
- Bezeichnungen innerhalb des Programmtextes werden aussagekräftig und problembezogen gewählt. Werden Abkürzungen verwandt, so werden diese in jeder Operation, in der sie auftreten, als Kommentar durch die Angabe ihrer vollen Bedeutung erläutert.

Richtlinien für die Notation in der Programmiersprache haben die Aufgabe, den Programmtext in einer übersichtlichen und damit leichter verständlichen Form darzustellen.

- Operationen werden so strukturiert, daß sowohl auf dem Bildschirm als auch auf der Druckausgabe ein übersichtliches Bild entsteht. Ideal ist eine Beschränkung der Länge auf die Größe einer Bildschirm- oder Druckseite. Diese Richtlinie kann jedoch nur eingehalten werden, wenn Geräte zur Verfügung stehen, die eine ausreichende Größe zulassen. In jedem Fall müssen jedoch die folgenden Richtlinien beachtet werden.
- Das Layout von Blöcken, Schleifen und bedingten Anweisungen wird unabhängig von der Länge der Operation so gestaltet, daß zusammengehörende Teile leicht erkannt werden können. Dies kann durch entsprechende Einrückungen der Programmtextzeilen erfolgen, durch Hervorheben von Programmteilen durch Fett- oder Kursivdarstellung oder durch eine gesonderte Kommentierung.
- In jeder Programmzeile steht nur eine Anweisung.

Schritt I4: Modultest

Der Modultest dient der Feststellung der funktionalen Richtigkeit der von einem Modul bereitgestellten Operationen. Er wird für jedes Modul unabhängig von der Kodierung und dem Test anderer Module durchgeführt.

Der Test ist ein experimentelles Verfahren, bei dem versucht wird, Fehler bei der Ausführung des Programms nachzuweisen. Treten Fehler auf, so werden die Schritte "Modulentwurf" und "Modulkodierung" erneut durchlaufen mit dem Ziel, die Ursache für die fehlerhafte Ausführung zu finden und anschließend den Fehler zu beheben. Da bei einem Test nur die Ausführung für eine begrenzte Zahl von Testdaten überprüft werden kann, kann von Testläufen ohne Fehlererkennung nicht auf die vollständige Korrektheit eines Programmteils geschlossen werden.

Der Modultest besteht aus den vier Teilen Testplanung, Testvorbereitung, Testausführung und Testauswertung.

- Testplanung

  Die in einem Modul kodierten Operationen besitzen Abhängigkeiten, die die Reihenfolge bestimmen, in der ihre Tests durchzuführen sind. Die Reihenfolge wird so gewählt, daß eine Verwendung bereits getesteter Operationen bei den später folgenden Tests anderer Operationen möglich ist. Zunächst werden daher die Operationen getestet, die keine oder wenige der versteckten Operationen des Moduls benutzen. Weitere Abhängigkeiten entstehen durch gemeinsame Daten. Operationen, die Daten produzieren, werden vor den Operationen des Moduls getestet, die diese konsumieren, da so die gesonderte Erstellung eines Hilfsmittels zur Testdatengenerierung entfallen kann. Das Ergebnis der Testplanung für ein Modul ist der Testplan, der die Reihenfolge der vorzunehmenden Tests von Operationen beschreibt.

- Testvorbereitung

  Die Vorbereitung des Testes einer Operation umfaßt die Ermittlung der Testdatenmengen, die Auswahl der Testdaten, die Ermittlung der Sollergebnisse und die Erstellung einer geeigneten Testumgebung. Die zu testende Operation wird als Testobjekt bezeichnet.

  Bei der Ermittlung der Testdatenmengen werden Mengen von Testdaten bestimmt, die bei der Ausführung ein ähnliches oder gleiches Verhalten des Testobjektes bewirken. Auf diese Weise kann eine Reduzierung des Testaufwands dadurch erzielt werden, daß aus jeder Menge nur wenige Vertreter ausgewählt werden. Trotzdem bleibt gewährleistet, daß das mögliche Verhaltensspektrum des Testobjektes abgedeckt wird. Die Ermittlung der Testdatenmengen orientiert sich an der Struktur der Kodierung des Testobjektes. Alle Anweisungen des Programmtextes des Testobjektes sollten im Test mindestens einmal ausgeführt werden.

  Im Anschluß an die Ermittlung werden die konkreten Testdaten als Repräsentanten der Mengen ausgewählt. In Abhängigkeit von den Aufgaben des Testobjektes werden Testdaten entweder speziell für den Test konstruiert oder aus Originaldaten ausgewählt. Testdaten werden als Normalwerte bezeichnet, wenn ihre Wirkung bei der Ausführung des Testobjektes definiert ist, als Falschwerte, falls ihre Wirkung nicht definiert ist, und als Grenzwerte, wenn sie genau auf der Grenze zwischen zulässigen und unzulässigen Eingaben liegen. Testdaten sind aus allen drei Bereichen zu wählen.

  Sind die Testdaten bestimmt, so werden die Sollergebnisse für die Ausführung des Testobjektes mit den Testdaten ermittelt, wobei die

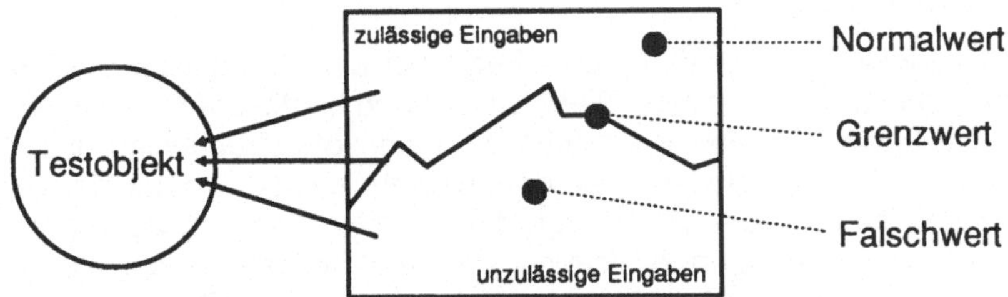

Aufgabenbeschreibungen aus Entwurf und Modulentwurf als Grundlage dienen. Die Ermittlung der Sollergebnisse muß auf jeden Fall vor Beginn der Testausführung erfolgen, um bei der Testauswertung von den Ergebnissen der Ausführung unbeeinflußte Vergleichswerte zu besitzen.

Liegen die Testdaten und die Sollergebnisse fest, so muß das Testobjekt für den Test vorbereitet werden, d.h. es muß eine entsprechende Testumgebung erstellt werden. Dabei muß zwischen Operationen, die das Testobjekt aufrufen, und Operationen, die vom Testobjekt aufgerufen werden, unterschieden werden. Die Hilfsmittel, die diese Operationen für den Test ersetzen, werden als Treiber bzw. Platzhalter bezeichnet. Treiber und Platzhalter werden so implementiert, daß am Testobjekt keine Veränderungen vorgenommen werden müssen.

Operationen, die durch Treiber und Platzhalter ersetzt werden, tauschen mit dem Testobjekt Daten aus und verarbeiten diese. Dieser Verarbeitungsprozeß muß zumindest für die aufgerufenen Operationen, d.h. in Platzhaltern, simuliert werden. Der Simulationsvorgang kann dabei automatisch ablaufen, indem das Platzhalterprogramm die Funktionalität der entsprechenden Operation vollständig simuliert, oder manuell gesteuert werden, indem der den Test durchführende Entwickler aufgrund von Ausgaben die Ergebnisse des Platzhalters manuell bestimmt und eingibt. Automatische Simulation bedeutet größeren Aufwand bei der Testvorbereitung und Arbeitserleichterung bei der Testausführung, manuell gesteuerte Simulation bewirkt eine Verschiebung der Gewichtung. Ist die benötigte Testumgebung sehr umfangreich, so muß auch sie systematisch mit Modulentwurf, Modulkodierung und Modultest entwickelt werden.

- Testausführung

Die Testausführung ist die Ausführung des Testobjektes in der Testumgebung mit allen zuvor bestimmten Testdaten. Die Testausführung sollte nicht beim ersten Auftreten eines offensichtlichen Fehlers abgebrochen werden. Vielmehr ermöglichen viele, eventuell fehlerhafte Testergebnisse eine bessere Möglichkeit zur Lokalisierung von Fehlerursachen.

- Testauswertung

  Die Testauswertung umfaßt den Vergleich der Ergebnisse der Testausführung mit den während der Testvorbereitung bestimmten Sollergebnissen und die Bewertung des Vergleichs. Stimmen die Ergebnisse überein, so kann der Test abgeschlossen werden. Bestehen zwischen den Ergebnissen Unterschiede, so liegen Fehler vor, die zunächst beseitigt werden müssen. Aus den Abweichungen zwischen Test- und Sollergebnissen lassen sich erste Hinweise für die Lokalisierung der Ursachen ableiten. Reichen diese Hinweise nicht aus, so müssen Hilfsmittel benutzt werden, die ein detaillierteres Verfolgen der Ausführung ermöglichen. Hierfür sind Debugger geeignet, die eine schrittweise Ausführung des Programms und das Betrachten von Speicherzuständen ermöglichen. Aber auch die Instrumentierung des Programms mit zusätzlichen Anweisungen, die den Ablauf sichtbar machen, ist ein geeignetes Vorgehen zur Fehlersuche.

Der Test muß ebenso wie das übrige Entwicklungsvorgehen dokumentiert werden. Die Testdokumentation dient einerseits als Nachweis für die vollständige Durchführung des Testes und andererseits der Unterstützung von Tests, die bei Änderungen des Produktes vorgenommen werden müssen. Es wird nur der Test von korrekt ausführbaren Programmen dokumentiert, bei denen Test- und Sollergebnisse übereinstimmen. Testausführung und Testauswertung werden daher nicht gesondert beschrieben.

Das Testdokument für ein Modul besitzt folgenden Aufbau:

1. Testplan
   (Die Operationen werden in der Reihenfolge aufgelistet, in der sie getestet werden. Diese Reihenfolge bleibt für die folgenden Teile verbindlich.)

2. Test der Operationen
2.1. <Operation 1>
2.1.1. Testdatenmengen
2.1.2. Testdaten
2.1.3. Sollergebnisse
2.1.4. Testumgebung
...

2.n. <Operation n>
2.n.1. ...
...

Schritt I5: Produktintegration

Nach der Implementierung der einzelnen Module mit den Schritten Modulentwurf, Modulkodierung und Modultest liegen ausführbare Teile des Produktes vor, die in der Produktintegration zusammengesetzt werden. Die Produktintegration beinhaltet das Zusammensetzen der Module, die Überprüfung, ob das integrierte Produkt wiederum ausführbar ist, und den Produkttest.

Das Zusammensetzen der Module erfolgt entsprechend den in der Schnittstellenspezifikation gemachten Angaben zur Modularisierungsform und ist abhängig von der gewählten Programmiersprache.

Die Überprüfung, ob das integrierte Produkt ausführbar ist, entspricht einem nicht formalisierten Test, bei dem ohne vorangehende Planung versucht wird, das Produkt auszuführen. Gelingt dies nicht, so muß der Vorgang des Zusammensetzens überprüft und gegebenenfalls wiederholt werden, oder die Implementierung der Module einer zusätzlichen Kontrolle unterzogen werden. Ist das Produkt ausführbar, so folgt der Produkttest als systematische Untersuchung auf Übereinstimmung mit den Anforderungen.

Der Produkttest ist in seinem Ablauf ähnlich dem Modultest. Er orientiert sich jedoch nicht wie der Modultest an der Struktur des Programmtextes, sondern an der im Pflichtenheft beschriebenen Funktionalität und Qualität. Der Test stellt somit eine Überprüfung sämtlicher im Pflichtenheft gemachten Angaben dar. Für jede Funktion werden die Teile Testplanung, Testvorbereitung, Testausführung und Testauswertung vorgenommen. Die Durchführung der einzelnen Teile erfolgt analog zu dem im Schritt "Modultest" beschriebenen Vorgehen. Lediglich die Erstellung einer Testumgebung kann entfallen, falls die Entwicklungsumgebung mit der Umgebung für den geplanten Einsatz übereinstimmt. Ansonsten muß diese durch eine entsprechende Testumgebung simuliert werden.

Das entstehende Dokument besitzt folgenden Aufbau:

1. Produkttestplan

2. Test der Benutzerfunktionen

2.1. <Benutzerfunktion 1>
2.1.1. Testfallmengen
2.1.2. Testdaten
2.1.3. Sollergebnisse
...

2.n. <Benutzerfunktion n>
...

3. Test der Qualitätsanforderungen

3.1. <Qualitätsanforderung 1>
3.1.1. Testfallmengen
3.1.2. Testdaten
3.1.3. Sollergebnisse
...

3.n. <Qualitätsanforderung n>

...

Schritt I6: Erstellung des Installationshandbuches

Das Installationshandbuch enthält alle Angaben, die zur Inbetriebnahme eines Software-Produktes benötigt werden. Ein Teil dieser Angaben kann dem Pflichtenheft entnommen werden (Software- und Hardware-Umgebung). Weitere Angaben ergeben sich aus der Implementierung. Hierzu zählen eine Beschreibung der zum Produkt gehörenden Dateien und eine Beschreibung des Vorgehens der Inbetriebnahme.

Software-Produkte bestehen nach ihrer Fertigstellung aus einer Sammlung von Dateien. Dies sind ausführbare Programme, die beispielsweise die Leistungen des Produktes bereitstellen, Textdateien, die beispielsweise den Quellcode oder zusätzliche Informationen über das Produkt beinhalten, und Dateien, die die vom Produkt während der Ausführung benutzten Daten enthalten. Bei diesen kann zwischen Daten, die unverändert bleiben, und Daten, die während der Produktausführung verändert werden, unterschieden werden. Für jede dieser Dateien sind folgende Angaben zu machen:

- Name der Datei,
- Typ der Datei (Programm, Text, Daten),
- Zugriffsart (Lesen, Schreiben/Lesen, Ausführen) und
- Aufgabe der Datei bei der Ausführung.

Viele Software-Produkte erfordern das Einhalten eines bestimmten Vorgehens bei der Inbetriebnahme. Es müssen Parameter der Umgebung (z.B. Betriebssystem) gesetzt werden, Dateien müssen an bestimmten Stellen dieser Umgebung gespeichert werden und Installationsprogramme, beispielsweise zur Initialisierung von Dateien, müssen vor der ersten Ausführung des Produkts aufgerufen werden.

Das Installationshandbuch ist in seiner Ausdrucksweise auf die Kenntnisse des Betreibers des Software-Produktes abzustimmmen. Da es eine ähnliche Aufgabe wie das Benutzerhandbuch für einen anderen Adressatenkreis erfüllt, müssen die dort angegebenen Richtlinien beachtet werden. Das Installationshandbuch besteht aus vier Teilen:

1. Gliederung
2. Beschreibung der Dateien
3. Beschreibung der Inbetriebnahme
4. Glossar

4. Beispielentwicklung "Interaktive Funktionsdarstellung"

Alle Verfahren der Phasen "Definition", "Entwurf" und "Implementierung" des vorgestellten Vorgehens zur Erstellung von Software-Produkten in den vorangehenden Kapiteln werden an einer Beispielentwicklung erläutert. Diese Beispielentwicklung wird an dem Projekt "Interaktive Funktionsdarstellung" demonstriert. Das gewählte Beispielprojekt besitzt die Vorteile, daß sein Umfang begrenzt ist und damit seine Durchführung überschaubar bleibt und daß zum Verständnis der Problemstellung keine speziellen Kenntnisse benötigt werden. Das Ergebnis der Planungsphase sei folgende vorläufige Produktbeschreibung:

Ziel des Projektes ist die Entwicklung eines Produktes, das interaktiv die Berechnung einer mathematischen Funktion innerhalb eines Intervalls übernimmt und die Ergebnisse in Form eines Graphen auf einem Datensichtgerät ausgibt.

Als Eingaben sind Funktionsausdrücke mit einer reellwertigen Variablen in Infixnotation mit den üblichen Prioritäten und Klammerung erlaubt. Vordefiniert sind die Operatoren für die vier Grundrechenarten und die Funktionen Sinus, Cosinus, natürlicher Logarithmus und Exponentialfunktion. Neue Funktionen können aus bereits bekannten definiert werden. Die neuen Funktionen können gesichert und anschließend wie vordefinierte Funktionen benutzt werden.

Nach der Eingabe des Auswertungsintervalls bestimmt das Produkt die Skalierung der X- und Y-Achse, so daß die Funktion innerhalb des Intervalls vollständig auf dem Bildschirm dargestellt wird. Innerhalb einer Produktanwendung können mehrere Graphen nacheinander dargestellt werden.

Das Produkt wendet sich an ungeübte Benutzer. Benutzungsfehler werden daher kommentiert, eine Hilfsfunktion ist verfügbar und der Aufbau der Bildschirmdarstellung bleibt während der Anwendung möglichst einheitlich gestaltet. Das Produkt ist ohne großen Aufwand an verschiedene Datensichtgeräte anpaßbar.

4.1. Definition des Beispielproduktes

Produktmodell Projekt "Interaktive Funktionsdarstellung"

1. Übersicht

2. Datenflußdiagramme
2.1. DFD Funktionsdarstellung (Diagramm1)
2.2. DFD Verwaltung von Funktionen (Diagramm 1.1)
2.3. DFD Erzeugung eines Graphen (Diagramm 1.2)

2. Datenflußdiagramme

Eingabe = (Benutzerfunktion | Datenwert)
Ausgabe = (Hinweis | Fehlermeldung | Benutzerfunktionsergebnis)

2.1. DFD Funktionsdarstellung

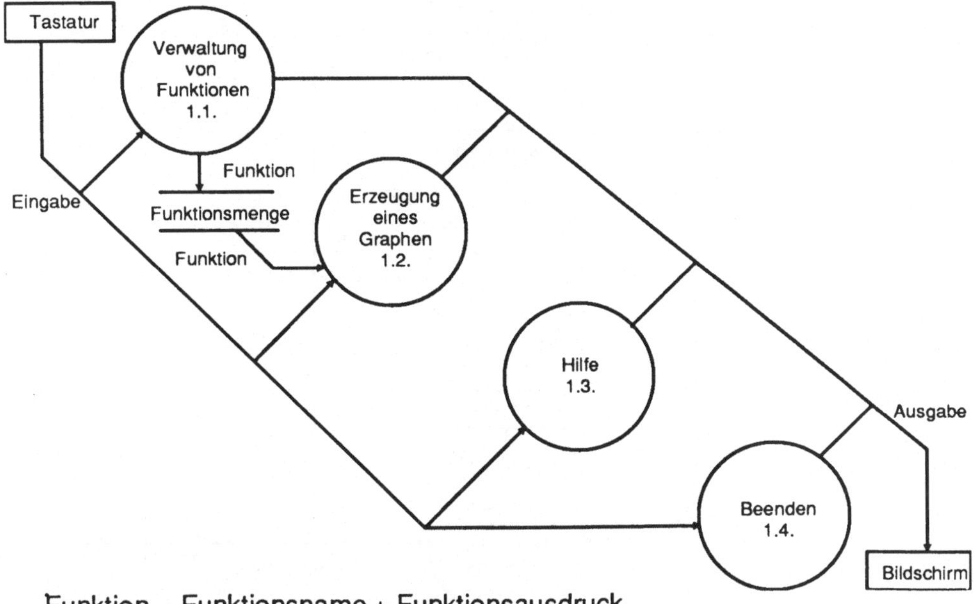

Funktion = Funktionsname + Funktionsausdruck
Funktionsname = Zeichenkette
Funktionsausdruck = math. Ausdruck

2.2. DFD Verwaltung von Funktionen (Diagramm 1.1.)

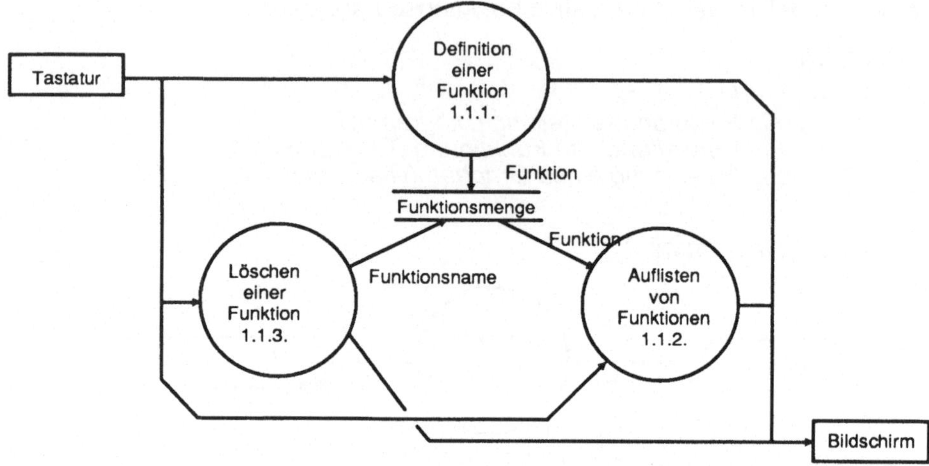

2.3. DFD Erzeugung eines Graphen (Diagramm 1.2.)

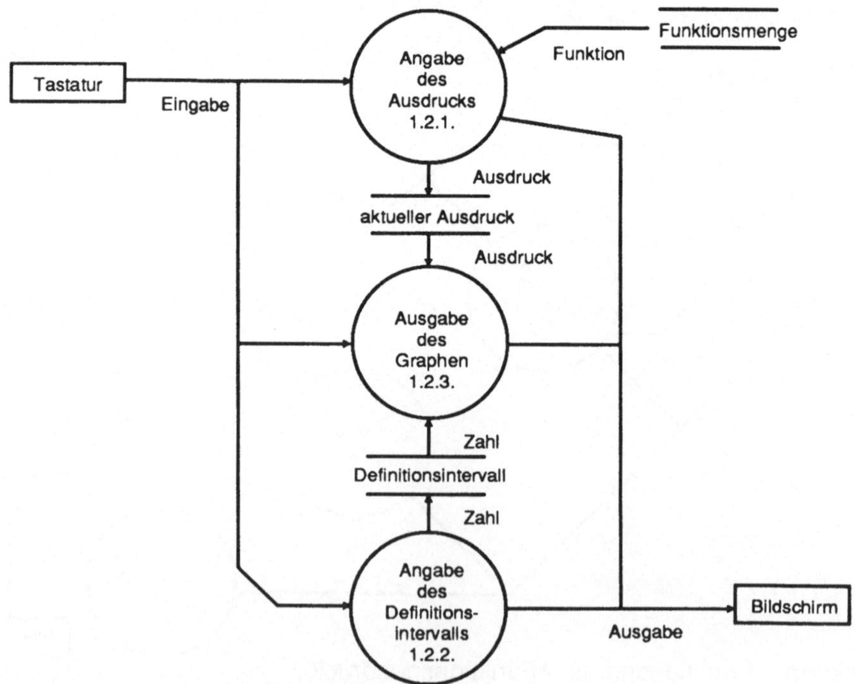

Ausdruck = Funktionsausdruck
Zahl = Ziffernfolge mit Vorzeichen und Komma

Pflichtenheft Projekt "Interaktive Funktionsdarstellung"

2. Einführung

Das Produkt "Interaktive Funktionsdarstellung" dient der Darstellung mathematischer Funktionen mit einer reellwertigen Variablen auf einem Datensichtgerät. Funktionsausdrücke können eingegeben, unter einem Namen gesichert und gelöscht werden. Gesicherte Ausdrücke können Bestandteil neu definierter Ausdrücke werden. Der Graph der Auswertung eines Funktionsausdrucks kann über einem anzugebenden Intervall des Definitionsbereichs angezeigt werden. Die Skalierung des dargestellten Intervalls des Wertebereichs erfolgt derart, daß der Graph vollständig auf der zur Verfügung stehenden Fläche des Bildschirms dargestellt wird.

Benutzerdefinierte Funktionsausdrücke können aus den vordefinierten Operationen Addition, Subtraktion, Multiplikation, Division, Sinus, Cosinus, natürlicher Logarithmus und Exponentialfunktion und anderen benutzerdefinierten Funktionen unter Benutzung von Klammern gebildet werden.

Als Ausgabegerät ist ein alphanumerisches Terminal mit einer Bildschirmgröße von 80 Zeichen horizontal in 24 Zeilen vorgesehen. Die Anpassung an andere Bildschirme mit eventuell höherer Auflösung ist jedoch durch einfache Änderung des Programms möglich.

Die Benutzerschnittstelle des Produktes ist übersichtlich gestaltet und ermöglicht so eine Benutzung auch durch ungeübte Benutzer.

3. Produktumgebung

3.1. Anwendungsbereiche

Das Produkt ist überall dort einsetzbar, wo der Kurvenverlauf mathematischer Funktionen betrachtet wird. Dabei sind die in der Einführung erwähnten Einschränkungen durch die geringe Bildschirmauflösung und den vorgegebenen Satz an Funktionen zu berücksichtigen. Eine andersartige Nutzung des Produktes ist nicht vorgesehen.

3.2. Anwendergruppen

Anwender sind i.w. Schüler und Studenten der Mathematik, aber auch deren Dozenten und andere Wissenschaftler, die mit mathematischen Problemstellungen umgehen. Die vorausgesetzten Kenntnisse bei diesen Gruppen sind gleich. Es wird davon ausgegangen, daß die Benutzer mit der Anwendung von Programmen in der angegebenen Umgebung vertraut sind und daß sie die Grundbegriffe der Mathematik, die zur Bedienung des Produktes benötigt werden, beherrschen.

3.3. Software-Umgebung

Zum Betrieb notwendig ist das ATARI TOS-Betriebssystem in der Version vom 6.2.86.

3.4. Hardware-Umgebung

Benötigt wird ein Rechner der Baureihe ATARI ST mit einem monochromen Bildschirm und einem Diskettenlaufwerk.

4. Funktionelle Anforderungen

4.1. Definition einer Funktion (1.1.1.)

Die Funktionsdefinition ermöglicht die Eingabe von benutzerdefinierten Funktionen. Funktionen bestehen aus einem Namen und einem Funktionsausdruck. Sie werden aus den vordefinierten Operationen Addition, Subtraktion, Multiplikation, Division, Sinus, Cosinus, natürlicher Logarithmus und Exponentialfunktion sowie anderen benutzerdefinierten Funktionen, die durch ihren Namen aufgerufen werden, zusammengesetzt. Klammerung ist möglich. Die Variable der Funktion wird immer mit "x" bezeichnet.

Folgende Syntax (beschrieben in BNF) ist vorgeschrieben:
<Funktion> ::= <Name> = <Ausdruck>
Die Symbole <Name> und <Ausdruck> werden im Anhang beschrieben.

Funktionsdefinitionen dürfen maximal 80 Zeichen lang sein. Die durch die BNF definierte Syntax wird überprüft. Im Fehlerfall wird eine entsprechende Meldung ausgegeben.

Es darf keine Funktion mit dem angegebenen Namen bereits vom Produkt verwaltet werden. Ist dies doch der Fall, wird dies durch eine entsprechende Meldung angezeigt. "x" ist nicht als Funktionsname erlaubt.

Werden benutzerdefinierte Funktionen in Ausdrücken verwandt, so werden sie auch dann mit einem Parameter aufgerufen, wenn es sich um konstante Funktionen handelt.

4.2. Auflisten von Funktionen (1.1.2.)

Alle vom Produkt verwalteten Funktionen (vordefinierte und benutzerdefinierte) werden mit ihren Namen und Ausdrücken auf dem Bildschirm angezeigt. Die angezeigten Funktionen sind nicht geordnet.

Überschreitet die Länge der Liste den auf dem Bildschirm verfügbaren Platz, so werden darüberhinausgehende Einträge erst nach der Betätigung der Leertaste angezeigt.

4.3. Löschen einer Funktion (1.1.3.)

Einzelne benutzerdefinierte Funktionen können über die Angabe ihres Namens gelöscht werden. Wird eine benutzerdefinierte Funktion zur Definition weiterer benutzerdefinierter Funktionen benötigt, so sind diese Funktionen nach dem Löschvorgang semantisch nicht korrekt, was bei ihrer Benutzung zu Fehlermeldungen führt.

Wird der Name einer nicht definierten Funktion eingegeben, so erfolgt eine entsprechende Meldung. Vordefinierte Funktionen können nicht gelöscht werden. Bei dem Versuch, dies zu tun, erfolgt ein entsprechender Hinweis.

4.4. Angabe des Ausdrucks (1.2.1.)

Der Ausdruck, der auf dem Bildschirm in Form eines Graphen auszugebenden Funktion, wird eingegeben. Die Syntax muß der im Anhang wiedergegebenen Form entsprechen, ansonsten erfolgt eine Fehlermeldung. Die im Ausdruck verwandten benutzerdefinierten Funktionen müssen bereits definiert sein. Die Teile des Bildschirms, die den Graphen und das Wertebereichsintervall sowie die Skalierung der Y-Achse enthalten, werden gelöscht, um konsistente Angaben auf dem Bildschirm zu erhalten.

4.5. *Angabe des Definitionsintervalls (1.2.2.)*

Das Intervall des Definitionsbereichs, das den anzuzeigenden Bereich der Funktion bestimmt, wird festgelegt durch die Angabe zweier Zahlen, die der Definition von <Vorzeichen-Zahl> im Anhang entsprechen müssen. Das angegebene Definitionsintervall sowie die daraus abgeleitete Skalierung der X-Achse werden angezeigt. Die größere der beiden Zahlen wird immer die Obergrenze, die kleinere immer die Untergrenze des Intervalls. Die Gleichheit beider Zahlen ist nicht erlaubt und wird durch eine entsprechende Meldung angezeigt. Da sich mit einer Änderung des Definitionsintervalls auch das zugehörige Wertebereichsintervall und der Graph ändern, werden die entsprechenden Bereiche des Bildschirms gelöscht.

4.6. *Ausgabe des Graphen (1.2.3.)*

Der Graph eines Ausdrucks über einem festgelegten Intervall des Definitionsbereichs wird auf dem dafür vorgesehenen Teil des Bildschirms ausgegeben. Ist kein Ausdruck oder kein Definitionsbereich vorgegeben, so wird eine Fehlermeldung ausgegeben.

Das festgelegte Intervall wird gleichmäßig in soviele Stützstellen aufgeteilt, wie die horizontale Auflösung des für die Ausgabe des Graphen bereitstehende Bildschirmfläche beträgt. Zu jeder Stützstelle wird der Funktionswert ermittelt. Bei der Auswertung einer Funktion muß das Ergebnis eines jeden Rechenschrittes in dem Intervall $]10^{-8}|10^{8}[$ liegen. Ist dies nicht der Fall, kann kein Funktionswert bestimmt werden. Ist der Funktionswert an einer Stützstelle nicht definiert, so wird diese durch ein besonderes Zeichen markiert. Von allen anderen Stützstellen werden das Maximum und das Minimum der Funktionswerte bestimmt. Diese legen das Wertebereichsintervall fest, welches unter Berücksichtigung der vertikalen Auflösung des Ausgabebereichs zur Skalierung des Wertebereichs dient. Bei konstanten Funktionen existiert kein Wertebereichsintervall. Daher wird die Y-Skalierung mit 1.0 angenommen und die Konstante in die Mitte des Graphikbereichs projiziert.

Das Wertebereichsintervall und die Skalierung der Y-Achse werden auf dem Bildschirm angezeigt.

4.7. *Hilfe (1.3.)*

Ein einzeiliger Hilfstext zur Erläuterung der Funktionalität wird bei der Angabe des Namens der entsprechenden Benutzerfunktion so auf dem Bildschirm angezeigt, daß keine anderen Informationen verdeckt werden. Ist der Name nicht der einer Benutzerfunktion, so wird eine Fehlermeldung ausgegeben.

4.8. Beenden (1.4.)

Das Produkt "Interaktive Funktionsdarstellung" wird beendet. Benutzerdefinierte Funktionen werden gesichert, so daß sie für weitere Benutzungen des Produktes zur Verfügung stehen. Es erfolgt die Rückkehr in den Betriebssystemmodus.

5. Qualitätsanforderungen

5.1. Bildschirmaufbau

Um die Benutzung zu erleichtern, bleibt der Bildschirmaufbau während der Anwendung einheitlich.

5.2. Bildschirmanpassung

Das Produkt "Interaktive Funktionsdarstellung" kann ohne großen Aufwand an verschiedene Datensichtgeräte mit unterschiedlichen Darstellungskapazitäten angepaßt werden, erfordert aber Veränderungen des Programmtextes.

6. Benutzerschnittstelle

6.1. Benutzermodell

Es werden keine Gruppen bezüglich der Anwendung der einzelnen Benutzerfunktionen unterschieden. Daher existiert nur eine Benutzergruppe.

6.2. Kommunikationsstrategie

Die Bedienung des Produktes erfolgt i.w. über ein ständig auf dem Bildschirm angezeigtes Menü. Sofern Eingaben benötigt werden, gibt das Produkt textuelle Hinweise bei Aufruf der Benutzerfunktion.

6.3. Kommunikationsaufbau

Das Produkt ist für einen Bildschirm mit der Auflösung von 80 Spalten und 24 Zeilen für alphanumerische Zeichen konzipiert.

Der Aufbau des Bildschirms hat immer die folgende Struktur:

Zeile 1: Menüzeile
Zeile 2: Eingabezeile (unterschiedlich, wird für jede Funktion einzeln angegeben)
Zeile 3: Trennzeile
Zeile 4 bis Zeile 21: Ausgabebereich für Graphen (wie Zeile 2)
Zeile 21: Trennzeile
Zeile 22: Ausdruckzeile
Zeile 23: Attributzeile
Zeile 24: Meldungszeile (wie Zeile 2)

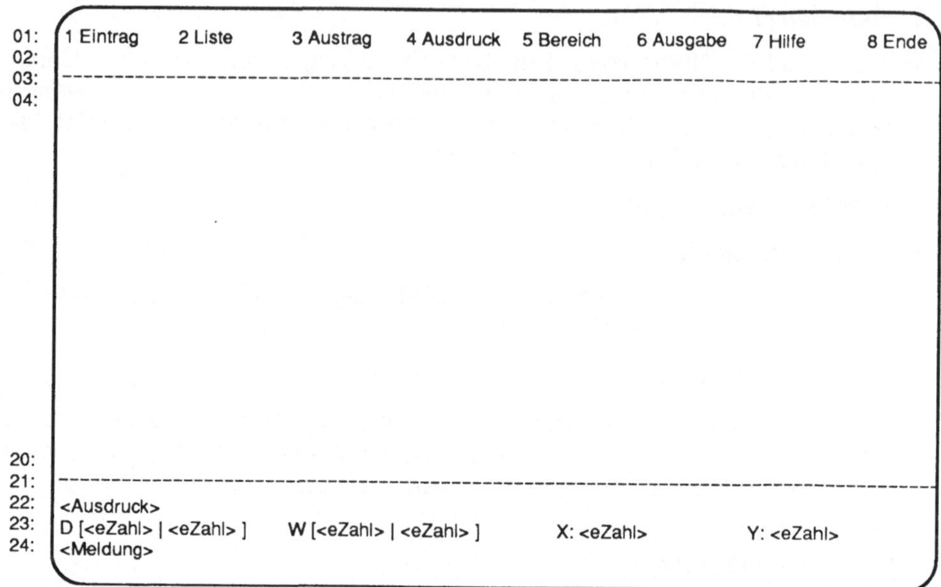

Nach seinem Aufruf befindet sich das Produkt im Auswahlmodus. In diesem Modus können die einzelnen Benutzerfunktionen, soweit in Zeile 1 aufgeführt, durch Eingabe der entsprechenden, vorangestellten Ziffer ausgewählt werden.

Nach der Auswahl werden die für die Ausführung benötigten Eingabewerte erfragt und die Benutzerfunktion ausgeführt. Anschließend befindet sich das Produkt wieder im Auswahlmodus, der durch den Hinweis "Bitte Auswahl" in Zeile 24 angezeigt wird. Alle Eingaben, mit Ausnahme der Auswahl aus dem Menü, werden durch das Drücken der Taste "Return" abgeschlossen.

In Zeile 24 erscheint bei Eingabe eines anderen als der erlaubten Zeichen (1 bis 8) linksbündig die Meldung "Unzulässige Auswahl - bitte neue Auswahl".

Zeilen, in denen Ausgaben erfolgen, werden zuvor immer gelöscht. Die Darstellung der speziellen Kommunikation einzelner Benutzerfunktionen erfolgt durch die Angabe der Zeilennummer und der ein- bzw. ausgegebenen Werte. Nur die angegebenen Zeilen werden modifiziert, alle übrigen Inhalte des Bildschirms bleiben unverändert.

Fehler führen immer zu einem Abbruch der Ausführung der Benutzerfunktion und zu einer Rückkehr in den Auswahlmodus.

Die Kommunikation zu den einzelnen Benutzerfunktionen wird bezogen auf die Zeilen des Bildschirms angegeben. Hinweise erfolgen immer vor der Eingabe, Meldungen im Fehlerfall nach der Eingabe. Tritt kein Fehler auf, so wird in Zeile 24 der Hinweis "bitte Auswahl" ausgegeben.

Format für Definition einer Funktion (1.1.1.)
2: Eingabe der Funktion lt. Syntax
24: Hinweis: "Funktion eingeben"
Meldung: "Funktionsname oder -ausdruck fehlerhaft - bitte Auswahl" oder
"Funktionsname bereits vergeben - bitte Auswahl"

Format für Auflisten von Funktionen (1.1.2.)
4 bis 20: Anzeige der Funktionen
24: Hinweis: "Weiter mit Leertaste"

Format für Löschen einer Funktion (1.1.3.)
2: Eingabe des Funktionsnamens
24: Hinweis: "Funktionsname eingeben"
Meldung: "Funktionsname unbekannt - bitte Auswahl" oder
"Vordefinierte Funktion - bitte Auswahl"

Format für Angabe des Ausdrucks (1.2.1.)
2: Eingabe des Ausdrucks lt. Syntax
4 bis 20: Löschen
22: Ausgabe des eingegebenen Ausdrucks
23: Löschen der Angaben von Wertebereichsintervall und Y-Skalierung
24: Hinweis: "Funktionsausdruck eingeben"
Meldung: "Funktionsausdruck fehlerhaft - bitte Auswahl"

Format für Angabe des Definitionsintervalls (1.2.2.)
2: Eingabe von Definitionsintervallunter- und -obergrenze (nacheinander)
4 bis 20: Löschen
23: Löschen der Angaben von Definitionsintervall, Wertebereichsintervall, X- und Y-Skalierung,
Ausgabe des Definitionsintervalls und der X-Skalierung
24: Hinweis: "1. Intervallgrenze eingeben",
anschließend "2. Intervallgrenze eingeben"
Meldung: "Intervallgrenzen sind gleich - bitte Auswahl" oder
"Format unzulässig - bitte Auswahl"

Format für Ausgabe des Graphen (1.2.3.)
4 bis 20: Ausgabe des Graphen mit den Symbolen "*" für Funktionswerte und "#" (in Zeile 20) für undefinierte Werte

23: Ausgabe des Wertebereichsintervalls und der Y-Skalierung.
24: Meldung: "Ausdruck nicht angegeben - bitte Auswahl" oder "Definitionsintervall nicht angegeben - bitte Auswahl" "Funktion nicht definiert - bitte Auswahl"

Hilfe (1.3.)
2: Name der Benutzerfunktion eingeben
24: Hinweis: "Benutzerfunktionsnamen eingeben"
Ausgabe des einzeiligen Hilfstextes:
"Eintrag - benutzerdefinierte Funktion eingeben - bitte Auswahl"
"Liste - vor- und benutzerdefinierter Funktionen anzeigen - bitte Auswahl"
"Austrag - benutzerdefinierte Funktion löschen - bitte Auswahl"
"Ausdruck - Ausdruck für Graphausgabe eingeben - bitte Auswahl"
"Bereich - Definitionsintervall eingeben - bitte Auswahl"
"Ausgabe - Anzeige des Graphen des eingegebenen Ausdrucks - bitte Auswahl"
"Hilfe - Hilfstext zu Menüpunkt - bitte Eingabe"
"Ende - Beenden der IFD-Ausführung - bitte Auswahl"
Meldung: "Benutzerfunktion unbekannt - bitte Auswahl"

7. Entwicklungsumgebung

Die Entwicklungsumgebung besteht aus ATARI 520ST+ mit monochromem Bildschirm und einem Diskettenlaufwerk und der Betriebssystemsoftware ATARI TOS, Version 6.2.86.

8. Anhang (Syntax des Funktionsausdrucks)

<Ausdruck> ::= <Term> | <Ausdruck> <Infix_1> <Term>
<Term> ::= <Faktor> | <Term> <Infix_2> <Faktor>
<Faktor> ::= (<Ausdruck>) | <Präfix> (<Ausdruck>) | <Zahl> | x
<Infix_1> ::= + | -
<Infix_2> ::= * | /
<Präfix> ::= <Name> | sin | cos | ln | exp
<Name> ist eine Zeichenkette aus ein bis acht Kleinbuchstaben
<Zahl> ist eine Ziffernfolge mit maximal vier Ziffern vor und maximal vier Ziffern nach dem festen Komma.
<Vorzeichen-Zahl> := <Zahl> | - <Zahl>
In Ausdrücken und Vorzeichenzahlen ist die Verwendung von Leerzeichen nicht erlaubt.
<eZahl> ist eine gegenüber <Zahl> erweiterte Ziffernfolge mit möglicherweise negativem Vorzeichen, maximal acht Ziffern und einem variablen Komma.

Benutzerhandbuch Projekt “Interaktive Funktionsdarstellung”

Benutzerhandbuch zum Software-Produkt IFD

1. Gliederung

2. Zum Gebrauch des Handbuches
3. Einleitung
4. Produktbeschreibung
5. Bedienungshilfen
6. Beispielanwendung
7. Glossar

2. Zum Gebrauch des Handbuches

Dieses Handbuch erfüllt zwei Aufgaben. Es ist

- Einführung für den erstmaligen Benutzer und
- Nachschlagehilfe für den erfahrenen Benutzer.

Der Einführung dienen die Kapitel 4, 5 und 6, wobei die Beispielanwendung mit dem Produkt IFD nachvollzogen werden sollte. Als Nachschlagehilfe kann das Glossar in Kapitel 7 benutzt werden, das jedoch auch zum besseren Verstehen des Beispiels herangezogen werden kann.

3. Einleitung

Das Produkt IFD (“Interaktive Funktionsdarstellung”) ermöglicht die graphische Darstellung mathematischer Funktionen mit einer Variablen auf dem Bildschirm eines Rechensystems der ATARI ST-Serie mit TOS-Betriebssystem. Kenntnisse in der Bedienung dieses Systems werden im vorliegenden Text als bekannt vorausgesetzt.

Die Produktausführung erfolgt durch den Aufruf des Programms IFD.PRG.

4. Produktbeschreibung

IFD bietet acht durch Menüauswahl aufrufbare Benutzerfunktionen an:

- Eintragen von benutzerdefinierten Funktionen (Eintrag),
- Auflisten von vor- und benutzerdefinierten Funktionen (Liste),
- Löschen von benutzerdefinierten Funktionen (Austrag),
- Eingabe eines graphisch zu veranschaulichenden Ausdrucks (Ausdruck),
- Eingabe eines Definitionsintervalls (Bereich),
- Ausgabe des Graphen auf dem Bildschirm (Ausgabe),
- Hilfestellung bei der Benutzung von IFD (Hilfe) und
- Beenden von IFD (Ende).

Funktionen bestehen aus einem Namen und einem Ausdruck. Die Zuordnung erfolgt über das Zeichen "=" während des Eintragens einer Funktion. Solche Funktionen werden als benutzerdefiniert bezeichnet.

Funktionsnamen bestehen aus ein bis acht Kleinbuchstaben.

Funktionsausdrücke werden nach der gebräuchlichen mathematischen Terminologie aus Zahlen, der Variablen "x", den Infixoperatoren "+", "-", "*" und "/", den vordefinierten Funktionen "sin" (Sinusfunktion), "cos" (Cosinusfunktion), "exp" (Exponentialfunktion) und "ln" (natürliche Logarithmusfunktion) oder anderen, bereits eingetragenen, benutzerdefinierten Funktionen gebildet. Dabei ist Klammerung erlaubt.

Konstante Zahlen bestehen aus maximal je vier Vor- und Nachkommastellen.

Leerzeichen in der Definition von Funktionen sind nicht erlaubt und führen zu Fehlern.

Die detaillierteren Informationen über Benutzerfunktionen entnehmen Sie bitte der Beispielanwendung oder dem Glossar.

5. Bedienungshilfen

Der Bildschirm ist bei der Benutzung von IFD in drei Bereiche unterteilt:

- Eingabebereich mit Menüzeile und Wiedergabe eingegebener Werte am oberen Rand des Bildschirms,
- Graphikbereich und
- Informationsbereich mit Anzeige des aktuellen Ausdrucks und der aktuellen Werte für Definitions- und Wertebereich sowie der Ausgabe von Hinweisen und Fehlermeldungen.

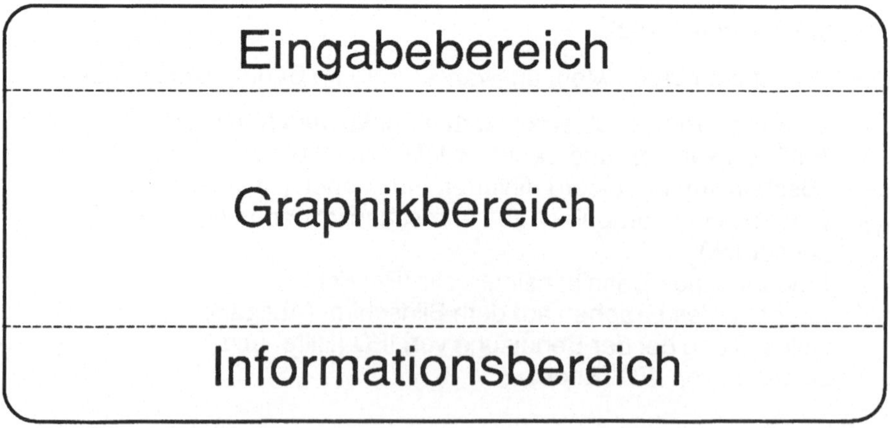

Im Informationsbereich zeigt IFD an, ob Fehler bei der Bedienung aufgetreten sind und welcher Art diese Fehler waren. Die Meldungen sind selbsterklärend. Unabhängig von einem möglichen Fehlerfall enthält der Informationsbereich zu jedem Zeitpunkt der Benutzung einen Hinweis auf die nächste Aktion, die der Benutzer durchzuführen hat.

Die Auswahl der Benutzerfunktionen erfolgt durch die Eingabe von Ziffern entsprechend der Anzeige des Menüs im Eingabebereich.

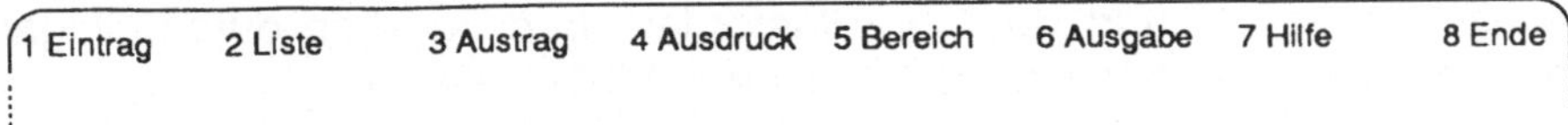

Die Auswahl "7 Hilfe" mit anschließender Eingabe der Bezeichnung eines der acht Menüpunkte bewirkt die Ausgabe eines einzeiligen Textes mit Erläuterungen zu diesem Menüpunkt. Diese Kurzinformation sollten Sie immer abrufen, wenn bei der Benutzung Bedienungsunsicherheiten auftreten.

6. Beispielanwendung

Quadrat- und Quadratwurzelfunktionen

Eine häufig benötigte, in IFD nicht vordefinierte Funktion, ist die Quadratwurzel. Im vorliegenden Beispiel wird nun gezeigt, wie die verfügbaren Funktionen um die Quadratwurzelfunktion erweitert werden können. Zur Einarbeitung sollten Sie die einzelnen Schritte mit Ihrem IFD-Programm nachvollziehen.

Nach dem Aufruf von IFD erscheint der Bildschirm mit dem IFD-Rahmen:

```
1 Eintrag   2 Liste   3 Austrag   4 Ausdruck   5 Bereich   6 Ausgabe   7 Hilfe   8 Ende
.........................................................................................



.........................................................................................
D[    |    ]          W[    |    ]             X:                       Y:
```

Da Sie die Quadratwurzelfunktion vereinbaren wollen, schauen Sie sich zunächst die dazu verfügbaren, vordefinierten Funktionen an. Sie geben "2" ein und es erscheint eine Liste der dem Produkt bekannten Funktionen, die bei dem bisher unbenutzten Produkt auf die vordefinierten Funktionen beschränkt ist:

```
1 Eintrag     2 Liste
-----------------------------------------
cos = Cosinusfunktion
sin = Sinusfunktion
ln = Logarithmusfunktion
exp = Exponentialfunktion
```

"exp" und "ln" bieten sich für die Definition der Quadratwurzel an. Sie wählen daher "1" und werden aufgefordert, Ihre Funktion durch Eingabe festzulegen. Sie geben ein: "quad=exp(ln(x)/2.0<Return>".

IFD meldet sich mit "Funktionsname oder -ausdruck fehlerhaft - bitte Auswahl" im Informationsbereich. Nach kurzer Fehleranalyse stellen Sie fest, daß eine schließende Klammer fehlt. Da IFD nach Fehlern immer zur Menüauswahl zurückkehrt, geben Sie erneut "1" gefolgt von "quad=exp(ln(x)/2.0)<Return>" ein. IFD meldet sich mit "bitte Auswahl", d.h. es ist kein Fehler aufgetreten und "quad" wurde erfolgreich definiert. Dies beweist die Liste der verfügbaren Funktionen (Eingabe "2"):

```
1 Eintrag     2 Liste
-----------------------------------------
cos = Cosinusfunktion
sin = Sinusfunktion
ln = Logarithmusfunktion
exp = Exponentialfunktion
quad = exp(ln(x)/2.0)
```

Um den Graphen der definierten Funktion "quad" betrachten zu können, geben Sie nun zuerst "4" ein und anschließend "quad(x)", den Ausdruck, den Sie graphisch angezeigt haben möchten. Das Definitionsintervall, über dem Sie den Graphen darstellen lassen möchten, geben Sie nach der Eingabe "5" an. Wählen Sie die Zahlen "16.0" und "-4.0" als Eingaben. Sie sehen, daß IFD die Intervallgrenzen sortiert und im Informationsbereich ausgibt. Gleichzeitig wird die Skalierung der X-Achse mit dem Wert "0.25" bestimmt und ausgegeben. Dies bedeutet, daß der Abstand zwischen zwei Spalten der Ausgabe 0.25 Einheiten beträgt.

```
quad(x)
D[   -4.0 |   16.0]     W[     |     ]          X:   0.25          Y:
```

Nun lassen Sie den Graphen durch die Eingabe von “6” anzeigen. Es erscheint folgendes Bild:

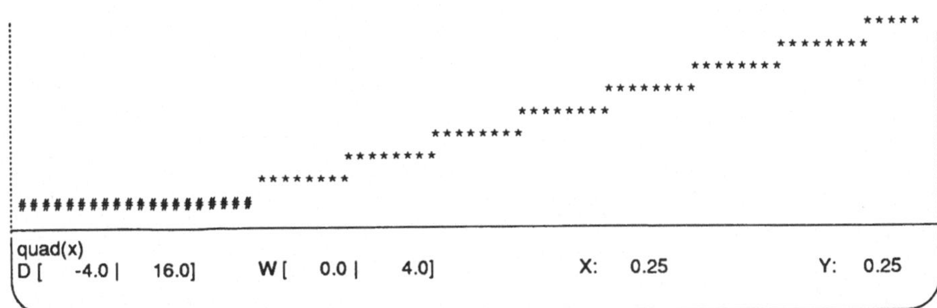

Sie sehen im negativen Teil des Definitionsintervalls durch “#” die nicht definierten Werte angezeigt. (Die Quadratwurzel ist für negative Eingaben nicht definiert.) Die Lage der Funktionswerte kann aus den Angaben des Wertebereichsintervalls und der Y-Skalierung entnommen werden.

Die nächste Funktion, der Sie nun Ihre Aufmerksamkeit zuwenden sollten, ist die Quadratfunktion. Da Sie die Bedienung bereits beherrschen, wählen Sie mit “1” aus und geben “quad=x*x<Return>” ein. IFD meldet "Funktionsname bereits vergeben - bitte Auswahl". Richtig - Sie haben bereits die Quadratwurzelfunktion “quad” genannt. Dies erscheint nun mißverständlich und Sie wollen diesen Namen ändern. Dazu wählen Sie mit “3” aus und geben “quad” ein. Die anschließend (mit “2”) aufgerufene Liste enthält folgende Funktionen:

1 Eintrag 2 Liste

cos = Cosinusfunktion
sin = Sinusfunktion
ln = Logarithmusfunktion
exp = Exponentialfunktion

Nun vereinbaren Sie in schon bekannter Weise "wurz=exp(ln(x)/2.0)" und "quad=x*x" und lassen zur Kontrolle "wurz(quad(x))" im Bereich [-4.0|16.0] anzeigen. Sie erhalten folgende Ausgabe:

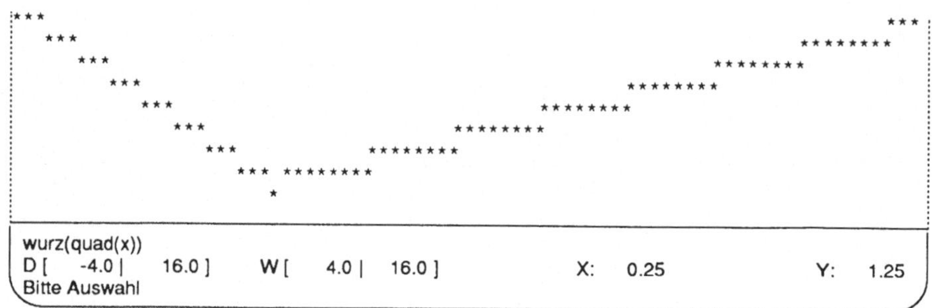

Nun sind Sie mit der Bedienung von IFD vertraut und können Ihre erste Anwendung beenden. Geben Sie eine "8" ein.

7. Glossar

Ausdruck	1) mathematischer Ausdruck mit der Variablen "x",-> Zahlen, -> vor- und -> benutzerdefinierten Funktionen, den Infixoperatoren "+", "-", "*" und "/" und Klammern 2) (Menüpunkt) Eingabe eines Ausdrucks -> 1), der über einem -> Definitionsintervall ausgegeben werden soll
Ausgabe	(Menüpunkt) graphische Ausgabe des angegebenen -> Ausdrucks über dem angegebenen -> Definitionsintervall
Austrag	(Menüpunkt) Löschen einer -> benutzerdefinierten Funktion !! Achtung, nach dem Löschen einer Funktion können alle Funktionen, die diese benutzen, nicht ausgewertet werden!!
benutzerdefinierte Funktion	Funktion aus -> Name und -> Ausdruck, die Definition erfolgt über <Name>=<Ausdruck>, der Aufruf (auch bei konstanten Funktionen) über <Name>(<Ausdruck>)
Bereich	(Menüpunkt) Eingabe des -> Definitionsintervalls
cos	(-> vordefinierte Funktion) Cosinus
Definitionsintervall	Teil des Definitionsbereichs, über dem der angegebene -> Ausdruck graphisch dargestellt werden soll

Eintrag	(Menüpunkt) Eintragen einer -> benutzerdefinierten Funktion
Ende	(Menüpunkt) Beenden von IFD
exp	(-> vordefinierte Funktion) Exponentialfunktion
Hilfe	(Menüpunkt) Ausgabe eines Hilfstextes zu Menüpunkt
Liste	(Menüpunkt) Anzeige der -> vor- und -> benutzerdefinierten Funktionen
ln	(-> vordefinierte Funktion) Logarithmus
Name	Name einer -> vor- oder -> benutzerdefinierten Funktion, der aus bis zu acht Kleinbuchstaben besteht
sin	(-> vordefinierte Funktion) Sinus
Skalierung	Abstand zwischen zwei Zeichen der graphischen Darstellung, unterschieden in Skalierung der X- und Y-Achse
vordefinierte Funktion	Funktion, die in IFD immer bekannt ist und nicht gelöscht werden kann (-> cos, -> exp, -> ln, -> sin)
Wertebereichsintervall	Bereich, den die Funktionswerte über dem -> Definitionsintervall annehmen, wird von IFD bestimmt
Zahl	Ziffernfolge mit maximal je vier Vor- und Nachkommastellen, bei -> Bereich mit negativem Vorzeichen möglich, in -> Ausdruck nur vorzeichenlos
*	Darstellung eines Funktionswertes im Graphikbereich
#	Markierung einer Position im Definitionsintervall, an der der Funktionswert undefiniert ist

4.2. Entwurf des Beispielproduktes

Entwurf Projekt "Interaktive Funktionsdarstellung"

1. Übersicht

2. Diagramm der Benutzt-Relation
3. Modulbeschreibungen
3.1. Datenmodule
3.1.1. Datenmodul Anzeigedaten
3.1.2. Datenmodul Anzeigegrößen
3.1.3. Datenmodul Infixnotation
3.1.4. Datenmodul Postfixnotation
3.1.5. Datenmodul Hilfstexte
3.2. Funktionsmodule
3.2.1. Funktionsmodul Bildschirmdialog
3.2.2. Funktionsmodul Ausdruckanalyse
3.2.3. Funktionsmodul Ausdruckauswertung
3.2.4. Funktionsmodul Interaktive Funktionsdarstellung

2. Diagramm der Benutzt-Relation

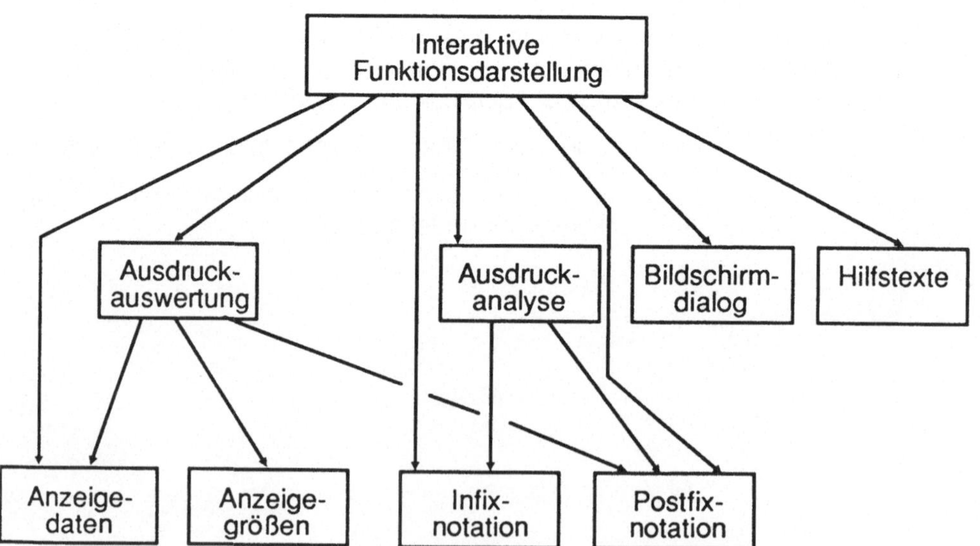

3.1.1. *DATENMODUL Anzeigedaten*

AUFGABE Das Modul dient der Verwaltung der aktuellen Werte des Definitionsbereichs und der Skalierungen der X- und Y-Achse

ZUGRIFFSOPERATION Lese_def_bereich
AUFGABE Liefert - falls definiert - den Definitionsbereich, sonst Fehlermeldung.
EINGABE -
AUSGABE Vorhanden: WAHRHEITSWERT
(WAHR, falls Definitionsbereich gespeichert,
FALSCH, sonst)
Def_bereich: (Linker_Rand: REELLE ZAHL,
Rechter_Rand: REELLE ZAHL)
(Definitionsbereich der anzuzeigenden Funktion)

ZUGRIFFSOPERATION Schreibe_def_bereich
AUFGABE Speichert den angegebenen Definitionsbereich und setzt die Skalierungen auf undefiniert.
EINGABE Def_bereich: (Linker_Rand: REELLE ZAHL,
Rechter_Rand: REELLE ZAHL)
(Definitionsbereich der anzuzeigenden Funktion)
AUSGABE -

ZUGRIFFSOPERATION Lese_x_skalierung
AUFGABE Liefert - falls definiert - die X-Skalierung, Fehlermeldung sonst.
EINGABE -
AUSGABE Vorhanden: WAHRHEITSWERT
(WAHR, falls X_Skalierung gespeichert,
FALSCH, sonst)
X_skala: REELLE ZAHL
(Skalierung der X-Achse)

ZUGRIFFSOPERATION Schreibe_x_skalierung
AUFGABE Speichert die angegebene X-Skalierung
EINGABE X_skala: REELLE ZAHL
(Skalierung der X-Achse)
AUSGABE -

ZUGRIFFSOPERATION Lese_y_skalierung
AUFGABE Liefert - falls definiert - die Y-Skalierung, Fehlermeldung sonst.
EINGABE -
AUSGABE Vorhanden: WAHRHEITSWERT
(WAHR, falls Y-Skalierung gespeichert,
FALSCH, sonst)
Y_skala: REELLE ZAHL
(Skalierung der Y-Achse)

ZUGRIFFSOPERATION Schreibe_y_skalierung
AUFGABE Speichert die angegebene Y-Skalierung
EINGABE Y_skala: REELLE ZAHL
(Skalierung der Y-Achse)
AUSGABE -

3.1.2. DATENMODUL Anzeigegrößen

AUFGABE Das Modul dient der Verwaltung der von dem angeschlossenen Bildschirm maximal zur Verfügung gestellten Größe des Bereichs der Graphikanzeige. Bei Betrieb mit einem anderen Bildschirm muß in diesem Modul die Anzahl der Spalten und Zeilen geändert werden.

Aktuelle Größe des Graphikbereichs:
17 Zeilen, 80 Spalten

ZUGRIFFSOPERATION Spaltenmaximum
AUFGABE Liefert die Spaltenzahl der Graphikanzeige
EINGABE -
AUSGABE Spaltenzahl: GANZE ZAHL
(Spaltenzahl des Graphikbereichs)

ZUGRIFFSOPERATION Zeilenmaximum
AUFGABE Liefert die Zeilenzahl der Graphikanzeige
EINGABE -
AUSGABE Zeilenzahl: GANZE ZAHL
(Zeilenzahl des Graphikbereichs)

3.1.3. DATENMODUL Infixnotation

AUFGABE Das Modul dient der Verwaltung der Infixdarstellung der definierten Funktion. Jede Funktion besteht aus einem Namen, der als Zugriffsschlüssel verwandt wird und einem Ausdruck. Die darzustellende Funktion wird unter dem internen Namen "FKT" verwaltet.

ZUGRIFFSOPERATION Init_infixnotation
AUFGABE Initialisiert das Modul durch Einlesen der definierten Ausdrücke von Sekundärmedien
EINGABE -
AUSGABE -

ZUGRIFFSOPERATION Beende_infixnotation
AUFGABE Beendet das Modul durch Schreiben der definierten Ausdrücke auf Sekundärmedium
EINGABE -
AUSGABE -

ZUGRIFFSOPERATION Lese_infixnotation
AUFGABE Ist unter dem angegebenen Namen ein Ausdruck gespeichert, so wird die Infixdarstellung des Ausdrucks zurückgegeben, sonst eine Fehlermeldung.
EINGABE Name: LISTE VON ZEICHEN
(Name des gesuchten Ausdrucks)
AUSGABE Vorhanden: WAHRHEITSWERT
(FALSCH, falls kein Ausdruck mit dem angegebenen Namen gespeichert
WAHR, sonst)
Ausdruck: LISTE VON ZEICHEN
(Infixdarstellung des Ausdrucks)

ZUGRIFFSOPERATION Schreibe_infixnotation
AUFGABE Ist der angegebene Name nicht in der Menge der verwalteten Infixdarstellungen enthalten, wird der angegebene Ausdruck in die Menge aufgenommen, sonst wird eine Fehlermeldung geliefert.
EINGABE Name: LISTE VON ZEICHEN
(Name des aufzunehmenden Ausdrucks)
Ausdruck: LISTE VON ZEICHEN
(aufzunehmender Ausdruck)
AUSGABE -

ZUGRIFFSOPERATION Lösche_infixnotation
AUFGABE Löscht - falls vorhanden - den verwalteten Ausdruck mit dem angegebenen Namen, sonst Fehlermeldung.
EINGABE Name: LISTE VON ZEICHEN
(Name des zu löschenden Ausdrucks)
AUSGABE Vorhanden: WAHRHEITSWERT
(WAHR, falls Ausdruck vorhanden
FALSCH, sonst)

ZUGRIFFSOPERATION Übersicht
AUFGABE Liefert eine Liste der verwalteten Ausdrücke mit ihren Namen.
EINGABE -
AUSGABE Ausdrücke: LISTE VON
(Name: LISTE VON ZEICHEN,
Ausdruck: LISTE VON ZEICHEN)
(Liste der verwalteten Ausdrücke mit Namen)

ZUGRIFFSOPERATION Infix_vorhanden
AUFGABE Prüft, ob angegebener Name in der Menge der verwalteten Ausdrücke ist.
EINGABE Name: LISTE VON ZEICHEN
(Name des gesuchten Ausdrucks)
AUSGABE Vorhanden: WAHRHEITSWERT
(WAHR, falls Ausdruck vorhanden
FALSCH, sonst)

3.1.4. DATENMODUL Postfixnotation

AUFGABE Das Modul dient der Verwaltung der Postfixdarstellung der definierten Funktion. Jede Funktion besteht aus einem Namen, der als Zugriffsschlüssel verwandt wird, und einem Ausdruck. Die darzustellende Funktion wird unter dem internen Namen "FKT" verwaltet.

ZUGRIFFSOPERATION Init_postfixnotation
AUFGABE Initialisiert das Modul durch Einlesen der definierten Ausdrücke von Sekundärmedien
EINGABE -
AUSGABE -

ZUGRIFFSOPERATION Beende_postfixnotation
AUFGABE Beendet das Modul durch Schreiben der definierten Ausdrücke auf Sekundärmedien
EINGABE -
AUSGABE -

ZUGRIFFSOPERATION Lese_postfixnotation
AUFGABE Ist unter dem angegebenen Namen ein Ausdruck gespeichert, so wird die Postfixdarstellung des Ausdrucks zurückgegeben, sonst eine Fehlermeldung.
EINGABE Name: LISTE VON ZEICHEN
(Name des gesuchten Ausdrucks)
AUSGABE Vorhanden: WAHRHEITSWERT
(FALSCH, falls kein Ausdruck mit dem angegebenen Namen gespeichert
WAHR, sonst)
Ausdruck: LISTE VON ZEICHEN
(Postfixdarstellung des Ausdrucks)

ZUGRIFFSOPERATION Schreibe_postfixnotation
AUFGABE Ist der angegebene Name nicht in der Menge enthalten, wird der angegebene Ausdruck in die Menge der verwalteten Funktionen aufgenommen, sonst wird eine Fehlermeldung geliefert.
EINGABE Name: LISTE VON ZEICHEN
(Name des aufzunehmenden Ausdrucks)
Ausdruck: LISTE VON ZEICHEN
(aufzunehmender Ausdruck)
AUSGABE -

ZUGRIFFSOPERATION Lösche_postfixnotation
AUFGABE Löscht - falls vorhanden - die verwaltete Funktion mit dem angegebenen Namen, sonst Fehlermeldung.
EINGABE Name: LISTE VON ZEICHEN
(Name des zu löschenden Ausdrucks)
AUSGABE Vorhanden: WAHRHEITSWERT
(WAHR, falls Ausdruck vorhanden
FALSCH, sonst)

3.1.5. DATENMODUL Hilfstexte

AUFGABE Das Modul dient der Verwaltung der maximal eine Zeile langen, benutzerbezogenen Hilfstexte. Bei Betrieb mit einem anderen Bildschirm muß die Größe der Hilfstexte entsprechend angepaßt werden.

Aktuelle Zeilenlänge: 80 Spalten

ZUGRIFFSOPERATION Init_hilfe
AUFGABE Initialisiert das Modul durch Einlesen der Hilfstexte von Sekundärmedien.
EINGABE -
AUSGABE -

ZUGRIFFSOPERATION Hilfe
AUFGABE Liefert den maximal einzeiligen Hilfstext zu einer Benutzerfunktion.
EINGABE Fkt_name: LISTE VON ZEICHEN
(Name der Benutzerfunktion)
AUSGABE Hilfstext: LISTE VON ZEICHEN
(Hilfstext zu Benutzerfunktion)
Vorhanden: WAHRHEITSWERT
(FALSCH, falls kein Hilfstext vorhanden,
WAHR, sonst)

3.2. Funktionsmodule

3.2.1. FUNKTIONSMODUL Bildschirmdialog

AUFGABE Stellt die Funktionen zum Dialog mit dem Benutzer zur Verfügung. Bei Betrieb mit einem anderen Bildschirm ist dieses Modul entsprechend zu ändern.

FUNKTION Init_dialog
AUFGABE Initialisiert den Benutzerdialog
EINGABE -
AUSGABE -

FUNKTION Beende_dialog
AUFGABE Beendet den Benutzerdialog
EINGABE -
AUSGABE -

FUNKTION Zeige_Rahmen
AUFGABE Erzeugt auf dem Bildschirm die während des Programmlaufs statisch vorhandenen Informationen
EINGABE -
AUSGABE -

FUNKTION Zeige_def_bereich
AUFGABE Zeigt den Definitionsbereich im vorgesehenen Feld auf dem Bildschirm an. Die reellen Zahlen werden auf das definierte Format gekürzt.
EINGABE Def_bereich: (Linker_Rand: REELLE ZAHL,
Rechter_Rand: REELLE ZAHL)
(anzuzeigender Definitionsbereich)
AUSGABE -

FUNKTION Zeige_werte_bereich
AUFGABE Zeigt den Wertebereich im vorgesehenen Feld auf dem Bildschirm an. Die reellen Zahlen werden auf das definierte Format gekürzt.
EINGABE Werte_bereich: (Unterer_Rand: REELLE ZAHL,
Oberer_Rand: REELLE ZAHL)
(anzuzeigender Wertebereich)
AUSGABE -

FUNKTION Zeige_x_skalierung
AUFGABE Zeigt die X-Skalierung im vorgesehenen Feld auf dem Bildschirm an. Die reelle Zahl wird auf das definierte Format gekürzt.
EINGABE X_einheit: REELLE ZAHL
(anzuzeigender Skalierungsfaktor)
AUSGABE -

FUNKTION Zeige_y_skalierung
AUFGABE Zeigt die Y-Skalierung im vorgesehenen Feld auf dem Bildschirm an. Die reelle Zahl wird auf das definierte Format gekürzt.
EINGABE Y_einheit: REELLE ZAHL
(anzuzeigender Skalierungsfaktor)
AUSGABE -

FUNKTION Zeige_statuszeile
AUFGABE Zeigt den übergebenen Text in der Statuszeile an.
EINGABE Statustext: LISTE VON ZEICHEN
(anzuzeigender Text)
AUSGABE -

FUNKTION Zeichen_in_graphik
AUFGABE Stellt das angebene Zeichen im Graphikanzeigebereich relativ zur linken unteren Ecke (0,0) dar.
EINGABE Position: (X: GANZE ZAHL,
Y: GANZE ZAHL)
(Position des Zeichens relativ zu (0,0))
Zeichen: ZEICHEN
(darzustellendes Zeichen)
AUSGABE -

FUNKTION Zeige_funktionsliste
AUFGABE Stellt die Liste der Funktionen im Graphikanzeigebereich dar. Ist die Anzahl der anzuzeigenden Funktionen größer als die Zahl der zur Verfügung stehenden Zeilen, so wird auf eine Benutzereingabe gewartet, bevor der Graphikanzeigebereich mit weiteren Funktionen überschrieben wird.
EINGABE Ausdrücke: LISTE VON
(Name: LISTE VON ZEICHEN,
Ausdruck: LISTE VON ZEICHEN)
(Liste der anzuzeigenden Ausdrücke)
AUSGABE -

FUNKTION Lese_zeichenkette
AUFGABE Liest eine Zeichenkette ein.
EINGABE -
AUSGABE Zeichenkette: LISTE VON ZEICHEN
(einzulesende Zeichenkette)

FUNKTION Lese_reelle_zahl
AUFGABE Liest eine reelle Zahl ein. Ist die eingelesene Zeichenkette keine reelle Zahl, so wird eine Fehlermeldung geliefert.
EINGABE -
AUSGABE Fehler: WAHRHEITSWERT
(WAHR, keine reelle Zahl eingelesen,
FALSCH, sonst)
Zahl: REELLE ZAHL
(eingelesene Zahl)

FUNKTION Lese_menüauswahl
AUFGABE Liest ein Menüauswahlzeichen ein.
EINGABE -
AUSGABE Auswahl: (1,2,3,4,5,6,7,8)
(gewählter Menüpunkt)
Fehler: WAHRHEITSWERT
(FALSCH, Auswahl nicht im Menü
WAHR, sonst)

FUNKTION Lösche_werte_bereich
AUFGABE Löscht die Ausgabe des Wertebereichs auf dem Bildschirm.
EINGABE -
AUSGABE -

FUNKTION Lösche_y_skalierung
AUFGABE Löscht die Ausgabe der Y-Skalierung auf dem Bildschirm.
EINGABE -
AUSGABE -

FUNKTION Lösche_statuszeile
AUFGABE Löscht die Statuszeile auf dem Bildschirm.
EINGABE -
AUSGABE -

FUNKTION Lösche_graphikanzeigebereich
AUFGABE Löscht den Graphikanzeigebereich des Bildschirms.
EINGABE -
AUSGABE -

FUNKTION Zeige_ausdruck
AUFGABE Zeigt den Ausdruck im vorgesehenen Feld auf dem Bildschirm an.
EINGABE Ausdruck: LISTE VON ZEICHEN
(anzuzeigender Ausdruck)
AUSGABE -

FUNKTION Lösche_ausdruck
AUFGABE Löscht den Ausdruck auf dem Bildschirm.
EINGABE -
AUSGABE -

FUNKTION Lösche_eingabezeile
AUFGABE Löscht die Eingabezeile auf dem Bildschirm.
EINGABE -
AUSGABE -

FUNKTION Lösche_def_bereich
AUFGABE Löscht die Angabe des Definitionsbereichs auf dem Bildschirm.
EINGABE -
AUSGABE -

3.2.2. FUNKTIONSMODUL Ausdruckanalyse

AUFGABE Das Modul dient der syntaktischen und semantischen Analyse von Ausdrücken. Die Syntax von Ausdrücken ist im Pflichtenheft definiert. Die semantische Bedingung ist das Vorhandensein im Ausdruck benutzter Funktionen.

FUNKTION Analyse
AUFGABE Analysiert den Ausdruck auf syntaktische und semantische Korrektheit und erzeugt eine entsprechende Fehlermeldung. Wird kein Fehler festgestellt, wird der Term in Präfixnotation in das Datenmodul Präfixnotation eingetragen.
EINGABE Name: LISTE VON ZEICHEN
(Name des Ausdrucks)
Ausdruck: LISTE VON ZEICHEN
(Ausdruck in Infixnotation)
AUSGABE Fehlerart: (Fehlerfrei, Syntaxfehler, Semantikfehler)
(Fehlerwert)

BENUTZTE MODULE
Postfixnotation: Schreibe_postfixnotation
Infixnotation: Infix_vorhanden
Schreibe_infixnotation

3.2.3. FUNKTIONSMODUL Ausdruckauswertung

AUFGABE Das Modul dient der Auswertung von Ausdrücken.

FUNKTION Wert
AUFGABE Ist die Funktion für den Variablenwert definiert, so wird der Wert des Ausdrucks für den Variablenwert bestimmt, Fehlermeldung sonst.
EINGABE Name: LISTE VON ZEICHEN
(Name des auszuwertenden Ausdrucks)
Var_wert: REELLE ZAHL
(Wert der einzusetzenden Variablen)
AUSGABE Definiert: WAHRHEITSWERT
(WAHR, falls Funktion für den Variablenwert definiert, FALSCH, sonst)
Y_wert: REELLE ZAHL
(Wert des Ausdrucks für den Variablenwert)

FUNKTION X_skalierung
AUFGABE Ist ein Definitionsbereich definiert, so wird die Skalierung der X-Achse aus der Größe des Definitionsbereichs und der Spaltenzahl des Graphikanzeigebereichs bestimmt, im Datenmodul Anzeigedaten gespeichert und der Skalierungswert geliefert, sonst Fehlermeldung.
EINGABE -
AUSGABE Fehler: WAHRHEITSWERT
(WAHR, kein Definitionsbereich definiert,
FALSCH, sonst)
X_einheit: REELLE ZAHL
(Größe einer Einheit auf der X-Achse)

FUNKTION Y_skalierung
AUFGABE Ist ein Definitionsbereich und ein Ausdruck definiert, werden die Y-Skalierung und der Wertebereich bestimmt. Dabei bleiben Polstellen und Definitionslücken unberücksichtigt. Die Y-Skalierung wird im Datenmodul Anzeigedaten gespeichert und Y-Skalierung und Wertebereich geliefert, sonst Fehlermeldung.
EINGABE -
AUSGABE Fehlerart: (Def_bereich_fehlt, Ausdruck_fehlt, Undefiniert,
Fehlerlos,)
(Fehlerwert)
Y_einheit: REELLE ZAHL
(Größe einer Einheit auf der X-Achse)
Werte_bereich: (Unterer_rand: REELLE ZAHL,
Oberer_rand: REELLE ZAHL)
(berechneter Wertebereich)

BENUTZTE MODULE
Anzeigedaten: Lese_def_bereich
Lese_x_skalierung
Schreibe_def_bereich
Schreibe_x_skalierung
Schreibe_y_skalierung
Anzeigegröße: Spaltenmaximum
Zeilenmaximum
Postfixnotation: Lese_postfixnotation

3.2.4. FUNKTIONSMODUL Interaktive Funktionsdarstellung

AUFGABE Das Modul dient der Koordination des Ablaufs des Systems.

FUNKTION Init_system
AUFGABE Ruft die Initialisierungsoperationen der Datenmodule und des Bildschirmdialogs auf.
EINGABE -
AUSGABE -

FUNKTION Beende_system
AUFGABE Ruft die Beendeoperationen der Datenmodule auf und löscht den Bildschirm.
EINGABE -
AUSGABE -

FUNKTION Funktionalität
AUFGABE Bietet die im Pflichtenheft definierten Benutzerfunktionen durch Aufruf der verschiedenen Operationen der Module an.
EINGABE -
AUSGABE -

BENUTZTE MODULE
Anzeigedaten: Init_anzeigedaten
Schreibe_def_bereich
Lese_x_skalierung
Lese_def_bereich
Hilfstexte: Init_hilfe
Hilfe
Ausdruckanalyse: Analyse
Ausdruckauswertung: Wert
X_skalierung
Y_skalierung
Bildschirmdialog: Init_dialog
Beende_dialog
Zeige_Rahmen
Zeige_def_bereich
Zeige_werte_bereich
Zeige_x_skalierung
Zeige_y_skalierung
Zeige_statuszeile
Zeichen_in_graphik
Lese_zeichenkette
Lese_reelle_zahl
Lese_menüauswahl
Lösche_wertebereich
Lösche_y_skalierung
Lösche_statuszeile
Lösche_graphikanzeigebereich
Lösche_def_bereich
Zeige_funktionsliste
Lösche_eingabezeile
Zeige_ausdruck
Lösche_ausdruck
Infixnotation: Init_infixnotation
Beende_infixnotation
Lösche_infixnotation
Übersicht
Infix_vorhanden
Postfixnotation: Init_postfixnotation
Beende_postfixnotation
Lösche_postfixnotation

4.3. Implementierung des Beispielproduktes

Schnittstellenspezifikation Projekt “Interaktive Funktionsdarstellung”

1. Übersicht

2. Programmiersprache

Compiler: MODULA-2/ST, Version 3.00, Modula-2 Software Ltd.

3. Modularisierungsform

Der Programmiersprache MODULA-2 liegt ein Modulkonzept zugrunde, in das eine Umsetzung des Entwurfs bei weitgehender Beibehaltung der Struktur möglich ist.

Jedes Modul des Entwurfs wird als MODULA-2 "IMPLEMENTATION MODULE" realisiert. Die im Entwurf aufgeführten, exportierten Operationen werden in den zugehörigen MODULA-2 "DEFINITION MODULE"s vereinbart.

Für die im Entwurf beschriebenen strukturierten Parametertypen werden in einem besonderem MODULA-2-"MODULE" mit Namen “typdefs” vereinbart, welches keine Entsprechung in der Systemarchitektur des Entwurfs hat. Dieses “MODULE” stellt die Kompatibilität der Typen der übergebenen Objekte sicher.

4. Modulschnittstellen

4.1. Modul Anzdat

```
DEFINITION MODULE Anzdat;

FROM typdefs IMPORT IntervallTyp;

PROCEDURE InitAnzdat;
PROCEDURE LeseDefBereich(VAR vorhanden:BOOLEAN;
                 VAR def: IntervallTyp);
PROCEDURE SchreibeDefBereich(VAR def: IntervallTyp);
PROCEDURE LeseXSka(VAR vorhanden:BOOLEAN; VAR xskal:REAL);
PROCEDURE SchreibeXSka(xskal: REAL);
PROCEDURE LeseYSka(VAR vorhanden:BOOLEAN; VAR yskal:REAL);
PROCEDURE SchreibeYSka(yskal: REAL);
```

4.2. Modul Anzgr

```
DEFINITION MODULE Anzgr;

PROCEDURE SpMax():CARDINAL;
PROCEDURE ZeMax():CARDINAL;
```

4.3. Modul Infix

```
DEFINITION MODULE Infix;

FROM Strings IMPORT String;
FROM typdefs IMPORT FktListenTyp;

PROCEDURE InitInfix;
PROCEDURE BeendeInfix;
PROCEDURE LeseInfix(VAR name:String; VAR vorhanden:BOOLEAN;
                 VAR ausdruck:String);
PROCEDURE SchreibeInfix(VAR name:String; VAR ausdruck:String);
PROCEDURE LoescheInfix(VAR name:String;
                 VAR vorhanden:BOOLEAN);
PROCEDURE Uebersicht(VAR Liste:FktListenTyp);
PROCEDURE InfixVorhanden(VAR name:String):BOOLEAN;
```

4.4. Modul Postfix

```
DEFINITION MODULE Postfix;

FROM Strings IMPORT String;
FROM typdefs IMPORT LongString;

PROCEDURE InitPostfix;
PROCEDURE BeendePostfix;
PROCEDURE LesePostfix(VAR name:String;
                 VAR vorhanden:BOOLEAN; VAR ausdruck:LongString);
PROCEDURE SchreibePostfix(VAR name:String;
                 VAR ausdruck:LongString);
PROCEDURE LoeschePostfix(VAR name:String;
                 VAR vorhanden:BOOLEAN);
```

4.5. Modul Hilfs

```
DEFINITION MODULE Hilfs;

FROM Strings IMPORT String;

PROCEDURE InitHilfe;
PROCEDURE Hilfe(VAR fehler:BOOLEAN; VAR name:String;
                VAR zeile:String);
```

4.6. Modul Dialog

```
DEFINITION MODULE Dialog;

FROM Strings IMPORT String;
FROM typdefs IMPORT IntervallTyp, FktListenTyp, PosTyp, AuswahlTyp;

PROCEDURE InitDialog;
PROCEDURE BeendeDialog;
PROCEDURE ZeigeRahmen;
PROCEDURE ZeigeDefBereich(def:IntervallTyp);
PROCEDURE ZeigeWerteBereich(wert:IntervallTyp);
PROCEDURE ZeigeXSkalierung(xeinheit:REAL);
PROCEDURE ZeigeYSkalierung(yeinheit:REAL);
PROCEDURE ZeigeStatuszeile(VAR meldung:String);
PROCEDURE ZeigeFktListe(VAR fktliste:FktListenTyp);
PROCEDURE ZeichenInGraphik(pos: PosTyp; zeichen: CHAR);
PROCEDURE ZeigeAusdruck(VAR ausdruck:String);
PROCEDURE LeseZeichenkette(VAR kette: String);
PROCEDURE LeseReelleZahl(VAR fehler:BOOLEAN; VAR zahl:REAL);
PROCEDURE LeseMenueauswahl (VAR fehler:BOOLEAN;
                VAR auswahl:AuswahlTyp);
PROCEDURE LoescheDefBereich;
PROCEDURE LoescheWerteBereich;
PROCEDURE LoescheYSkalierung;
PROCEDURE LoescheStatuszeile;
PROCEDURE LoescheEingabezeile;
PROCEDURE LoescheGraphik;
PROCEDURE LoescheAusdruck;
```

4.7. Modul Ausana

```
DEFINITION MODULE Ausana;

FROM Strings IMPORT String;
FROM typdefs IMPORT AnalyseFehlerTyp;

PROCEDURE Analyse(VAR name:String; VAR ausdruck:String;
                VAR fehler:AnalyseFehlerTyp);
```

4.8. Modul Ausaus

```
DEFINITION MODULE Ausaus;

FROM Strings IMPORT String;
FROM typdefs IMPORT SkaFehlerTyp, IntervallTyp;

PROCEDURE YSkalierung(VAR fehler: SkaFehlerTyp;
                      VAR yeinheit: REAL; VAR wertebereich: IntervallTyp);
PROCEDURE Wert(VAR name: String; xwert: REAL;
               VAR definiert: BOOLEAN;VAR ywert: REAL);
PROCEDURE XSkalierung(VAR fehler:BOOLEAN; VAR xeinheit:REAL);
```

4.9. Modul IFD

(kein Export von Operationen oder Typen)

4.10. Modul typdefs

```
DEFINITION MODULE typdefs;

FROM Strings IMPORT String;

TYPE IntervallTyp = RECORD
                        ug: REAL;
                        og: REAL;
                    END;

FktListenTyp = POINTER TO FktTyp;

FktTyp = RECORD
            name: String;
            ausdruck: String;
            nachf: FktListenTyp;
         END;

LongString = ARRAY [0..160] OF CHAR;

PosTyp = RECORD
            xpos: CARDINAL;
            ypos: CARDINAL;
         END;

AuswahlTyp = [1..8];

AnalyseFehlerTyp = (Fehlerfrei, Syntaxfehler, Semantikfehler);

SkaFehlerTyp = (Deffehlt, Ausdruckfehlt, Undefiniert, Fehlerlos);

PROCEDURE ReadLongString(VAR ls: LongString);
PROCEDURE WriteLongString(VAR ls: LongString);
PROCEDURE LoescheString(VAR s: String);
```

Modulentwurf, Modulkodierung und Modultest
Projekt "Interaktive Funktionsdarstellung"

Die Implementierung mit den vollständigen Tests der einzelnen Module ist sehr umfangreich. Daher wird auf die Wiedergabe aller Tests verzichtet und nur der Test des Moduls "Postfix" exemplarisch dargestellt.

2. Modulbeschreibungen

2.1. Modul Anzdat

2.1.1. Kodierung

```
IMPLEMENTATION MODULE Anzdat;

FROM typdefs IMPORT IntervallTyp;

VAR  defbereich: IntervallTyp;
        defvorh, xvorh, yvorh:BOOLEAN;
        xeinheit, yeinheit: REAL;

PROCEDURE InitAnzdat;
(* Autoren: Dißmann,  Zurwehn 30.1.88 *)
BEGIN
        defvorh:= FALSE;
        xvorh:= FALSE;
        yvorh:= FALSE
END InitAnzdat;

PROCEDURE LeseDefBereich(VAR vorhanden:BOOLEAN;
        VAR def:IntervallTyp);
(* Autoren: Dißmann,  Zurwehn 30.1.88 *)
BEGIN
        vorhanden:= defvorh;
        IF defvorh
        THEN
                def.ug := defbereich.ug;
                def.og := defbereich.og
        END
END LeseDefBereich;
```

```
PROCEDURE SchreibeDefBereich(VAR def: IntervallTyp);
(* Autoren: Dißmann,  Zurwehn 30.1.88 *)
BEGIN
        defvorh:= TRUE;
        defbereich.ug := def.ug;
        defbereich.og := def.og
END SchreibeDefBereich;

PROCEDURE LeseXSka(VAR vorhanden:BOOLEAN; VAR xskal:REAL);
(* Autoren: Dißmann,  Zurwehn 30.1.88 *)
BEGIN
        vorhanden:= xvorh;
        IF xvorh THEN xskal := xeinheit END
END LeseXSka;

PROCEDURE SchreibeXSka(xskal: REAL);
(* Autoren: Dißmann,  Zurwehn 30.1.88 *)
BEGIN
        xvorh:= TRUE;
        xeinheit:= xskal
END SchreibeXSka;

PROCEDURE LeseYSka(VAR vorhanden:BOOLEAN; VAR yskal:REAL);
(* Autoren: Dißmann,  Zurwehn 30.1.88 *)
BEGIN
        vorhanden:= yvorh;
        IF yvorh THEN yskal := yeinheit END
END LeseYSka;

PROCEDURE SchreibeYSka(yskal: REAL);
(* Autoren: Dißmann,  Zurwehn 30.1.88 *)
BEGIN
        yvorh:= TRUE;
        yeinheit:= yskal
END SchreibeYSka

END Anzdat.
```

2.2. Modul Anzgr

2.2.1. Kodierung

```
IMPLEMENTATION MODULE Anzgr;

PROCEDURE SpMax(): CARDINAL;
(* Autoren: Dißmann,  Zurwehn 30.1.88 *)
BEGIN
        RETURN 80
END SpMax;

PROCEDURE ZeMax(): CARDINAL;
(* Autoren: Dißmann,  Zurwehn 30.1.88 *)
BEGIN
        RETURN 17
END ZeMax

END Anzgr.
```

2.3. Modul Infix

2.3.1. Kodierung

```
IMPLEMENTATION MODULE Infix;

FROM InOut IMPORT OpenOutputFile, CloseOutput, WriteString,
        WriteLn, OpenInputFile, CloseInput, ReadString, Done;
FROM Strings IMPORT String, Compare, CompareResults;
FROM Storage IMPORT ALLOCATE,DEALLOCATE;
FROM GEMDOS IMPORT Delete;
FROM typdefs IMPORT FktListenTyp;

VAR fktliste: FktListenTyp;

PROCEDURE InitInfix;
(* Autoren: Dißmann,  Zurwehn 30.1.88 *)
VAR fkt: FktListenTyp;
        name,ausdruck: String;
BEGIN
        fktliste := NIL;
        OpenInputFile("A:\infkt");
        ReadString(name);
        WHILE Done DO
                ReadString(ausdruck);
                NEW(fkt);
                fkt^.name:= name;
                fkt^.ausdruck:= ausdruck;
                fkt^.nachf := fktliste;
                fktliste := fkt;
                ReadString(name)
        END;
        CloseInput
END InitInfix;

PROCEDURE BeendeInfix;
(* Autoren: Dißmann,  Zurwehn 30.1.88 *)
VAR dateiname: String;
        fehler: BOOLEAN;
BEGIN
        dateiname:="A:\infkt";
        fehler:= Delete(dateiname);
        OpenOutputFile(dateiname);
        WHILE (fktliste # NIL) DO
                IF Compare(fktliste^.name,"FKT") # Equal
                THEN
                        WriteString(fktliste^.name); WriteLn;
                        WriteString(fktliste^.ausdruck); WriteLn
                END;
                fktliste := fktliste^.nachf
        END;
        CloseOutput
END BeendeInfix;
```

```
PROCEDURE LeseInfix(VAR name:String; VAR vorhanden:BOOLEAN;
        VAR ausdruck:String);
(* Autoren: Dißmann,  Zurwehn 30.1.88 *)
VAR fkt: FktListenTyp;
BEGIN
        fkt := fktliste;
         WHILE (fkt # NIL) & (Compare(fkt^.name,name) # Equal) DO
                fkt := fkt^.nachf
        END;
        vorhanden := fkt # NIL;
        IF vorhanden THEN ausdruck := fkt^.ausdruck END
END LeseInfix;

PROCEDURE SchreibeInfix(VAR name:String; VAR ausdruck:String);
(* Autoren: Dißmann,  Zurwehn 30.1.88 *)
VAR fkt: FktListenTyp;
BEGIN
        NEW(fkt);
        fkt^.name:= name;
        fkt^.ausdruck:= ausdruck;
        fkt^.nachf:= fktliste;
        fktliste := fkt
END SchreibeInfix;

PROCEDURE LoescheInfix(VAR name:String; VAR vorhanden:BOOLEAN);
(* Autoren: Dißmann,  Zurwehn 30.1.88 *)
VAR fkt1, fkt2: FktListenTyp;
BEGIN
        fkt1:= fktliste;
        IF fkt1 = NIL
        THEN vorhanden := FALSE
        ELSIF Compare(fkt1^.name,name) = Equal
                THEN
                        fktliste := fktliste^.nachf;
                        DISPOSE(fkt1);
                        vorhanden:= TRUE
                ELSE
                        fkt2:= fkt1;
                        fkt1:= fkt1^.nachf;
                        WHILE (fkt1 # NIL)
                                  & (Compare(fkt1^.name,name) # Equal) DO
                                fkt1:= fkt1^.nachf;
                                fkt2:= fkt2^.nachf
                        END;
                        vorhanden:= fkt1 # NIL;
                        IF vorhanden
                        THEN
                                fkt2^.nachf := fkt1^.nachf;
                                DISPOSE(fkt1)
                        END
                END
END LoescheInfix;
```

```
PROCEDURE Uebersicht(VAR ueber:FktListenTyp);
(* Autoren: Dißmann,  Zurwehn 30.1.88 *)
VAR fkt1, fkt2: FktListenTyp;
BEGIN
        fkt1:= fktliste;
        ueber:= NIL;
        WHILE fkt1 # NIL DO
                IF Compare(fkt1^.name,"FKT") # Equal
                THEN
                        NEW(fkt2);
                        fkt2^.name:= fkt1^.name;
                        fkt2^.ausdruck:= fkt1^.ausdruck;
                        fkt2^.nachf := ueber;
                        ueber:= fkt2
                END;
                fkt1:= fkt1^.nachf
        END
END Uebersicht;

PROCEDURE InfixVorhanden(VAR name:String):BOOLEAN;
(* Autoren: Dißmann,  Zurwehn 30.1.88 *)
VAR fkt: FktListenTyp;
BEGIN
        fkt := fktliste;
        WHILE (fkt # NIL) & (Compare(fkt^.name,name) # Equal) DO
                fkt := fkt^.nachf
        END;
        RETURN fkt # NIL
END InfixVorhanden

END Infix.
```

2.4. Modul Postfix

2.4.1. Entwurf

interne Typdefinition:

LongFktListenTyp : LISTE VON LISTE VON ZEICHEN

2.4.2. Kodierung

```
IMPLEMENTATION MODULE Postfix;

FROM InOut IMPORT OpenOutputFile, CloseOutput, WriteString, WriteLn,
        OpenInputFile, CloseInput, ReadString, Done;
FROM Strings IMPORT String, Compare, CompareResults;
FROM Storage IMPORT ALLOCATE,DEALLOCATE;
FROM GEMDOS IMPORT Delete;
FROM typdefs IMPORT LongString, ReadLongString, WriteLongString;

TYPE LongFktListenTyp = POINTER TO LongFktTyp;
        LongFktTyp = RECORD
                                name: String; ausdruck: LongString;
                                nachf: LongFktListenTyp
                             END;
```

```
VAR fktliste: LongFktListenTyp;

PROCEDURE InitPostfix;
(* Autoren: Dißmann,  Zurwehn 30.1.88 *)
VAR fkt: LongFktListenTyp;
        name: String;
        ausdruck: LongString;
BEGIN
        fktliste := NIL;
        OpenInputFile("A:\postfkt");
        ReadString(name);
        WHILE Done DO
                ReadLongString(ausdruck);
                NEW(fkt);
                fkt^.name:= name;
                fkt^.ausdruck:= ausdruck;
                fkt^.nachf := fktliste;
                fktliste := fkt;
                ReadString(name)
        END;
        CloseInput
END InitPostfix;

PROCEDURE BeendePostfix;
(* Autoren: Dißmann,  Zurwehn 30.1.88 *)
VAR fkt: LongFktListenTyp;
        dateiname: String;
        fehler: BOOLEAN;
BEGIN
        dateiname:= "A:\postfkt";
        fehler := Delete(dateiname);
        OpenOutputFile(dateiname);
        WHILE (fktliste # NIL) DO
                IF Compare(fktliste^.name,"FKT") # Equal
                THEN
                        WriteString(fktliste^.name); WriteLn;
                        WriteLongString(fktliste^.ausdruck); WriteLn
                END;
                fktliste := fktliste^.nachf
        END;
        CloseOutput
END BeendePostfix;

PROCEDURE LesePostfix(VAR name:String; VAR vorhanden:BOOLEAN;
        VAR ausdruck:LongString);
(* Autoren: Dißmann,  Zurwehn 30.1.88 *)
VAR fkt: LongFktListenTyp;
BEGIN
        fkt := fktliste;
        WHILE (fkt # NIL) & (Compare(fkt^.name,name) # Equal) DO
                fkt := fkt^.nachf
        END;
        vorhanden := fkt # NIL;
```

```
        IF vorhanden
        THEN ausdruck := fkt^.ausdruck END
END LesePostfix;

PROCEDURE SchreibePostfix(VAR name:String; VAR ausdruck:LongString);
(* Autoren: Dißmann,  Zurwehn 30.1.88 *)
VAR fkt: LongFktListenTyp;
BEGIN
        NEW(fkt);
        fkt^.name:= name;
        fkt^.ausdruck:= ausdruck;
        fkt^.nachf:= fktliste;
        fktliste := fkt
END SchreibePostfix;

PROCEDURE LoeschePostfix(VAR name:String;
        VAR vorhanden:BOOLEAN);
(* Autoren: Dißmann,  Zurwehn 30.1.88 *)
VAR fkt1, fkt2: LongFktListenTyp;
BEGIN
        fkt1:= fktliste;
        IF fkt1 = NIL
        THEN vorhanden := FALSE
        ELSIF Compare(fkt1^.name,name) = Equal
                THEN
                        fktliste := fktliste^.nachf;
                        DISPOSE(fkt1);
                        vorhanden:= TRUE
                ELSE
                        fkt2:= fkt1;
                        fkt1:= fkt1^.nachf;
                        WHILE (fkt1 # NIL)
                                & (Compare(fkt1^.name,name) # Equal) DO
                                fkt1:= fkt1^.nachf;
                                fkt2:= fkt2^.nachf
                END;
                vorhanden := fkt1 # NIL;
                IF vorhanden
                THEN
                        fkt2^.nachf := fkt1^.nachf;
                        DISPOSE(fkt1)
                END
        END
END LoeschePostfix

END Postfix.
```

2.4.3. Test

2.4.3.1. Testplan

InitPostfix, BeendePostfix, SchreibePostfix, LesePostfix, LoeschePostfix

2.4.3.2. Test der Operationen

2.4.3.2.1. PROCEDURE InitPostfix

2.4.3.2.1.1. Testdatenmenge

Die Datei "A:\postfkt" enthält immer die Datensätze mit der Postfixdarstellung der vier vordefinierten Funktionen "exp", "ln", "sin" und "cos". Der Ablauf ist unabhängig von einer bestimmten Anzahl der Datensätze in der Datei.

2.4.3.2.1.2. Testdaten

"A:\postfkt" wird mit einem Editor mit folgendem Inhalt angelegt:

```
name1
ausdruck1
name2
ausdruck2
name3
ausdruck3
name4
ausdruck4
name5
ausdruck5
```

2.4.3.2.1.3. Sollergebnis

Ergebnis des Testes ist eine Ausgabe der mit dem Editor angelegten Daten in umgekehrter Folge der Funktionen:

```
name5
ausdruck5
name4
ausdruck4
...
name1
ausdruck1
```

2.4.3.2.1.4. Testumgebung

Die folgende Prozedur wird zur Ausgabe der im Modul verwalteten Liste benötigt:

```
PROCEDURE ListeAus;
VAR fkt: LongFktListenTyp;
BEGIN
fkt:= fktliste;
WHILE fkt # NIL DO
        WriteString ("Name: "); WriteString (fkt^.name); WriteLn;
        WriteString ("Ausdruck: "); WriteLongString (fkt^.ausdruck); WriteLn;
        fkt:= fkt^.nachf
END
END ListeAus;
```

Der Aufruf von ListeAus erfolgt nach dem Aufruf von InitPostfix.

```
...
InitPostfix;
ListeAus;
...
```

2.4.3.2.2. PROCEDURE BeendePostfix;

2.4.3.2.2.1. Testdatenmenge

Der Inhalt der im Modul verwalteten "fktliste" wird in die Datei "A:\postfkt" geschrieben, wobei die Liste mindestens die vordefinierten Funktionen enthält und der Algorithmus unabhängig von der Zahl der Listenelemente ist.

2.4.3.2.2.2. Testdaten

Die von InitPostfix mit den Testdaten aus 2.4.3.2.1.2. angelegte Liste wird benutzt.

2.4.3.2.2.3. Sollergebnis

Die Datei "\A:postfkt" enthält die Daten in der Reihenfolge, in der sie in der Liste verwaltet werden.

2.4.3.2.2.4. Testumgebung

Der Aufruf von BeendePostfix erfolgt in folgender Umgebung:

```
...
InitPostfix;
ListeAus;
BeendePostfix;
...
```

2.4.3.2.3. PROCEDURE LesePostfix

2.4.3.2.3.1. Testdatenmengen

1) Liste, die die zu lesende Funktion mit Namen und Ausdruck enthält.
2) Liste, die den Namen der zu lesenden Funktion nicht enthält.

2.4.3.2.3.2. Testdaten

Die von InitPostfix mit den Testdaten aus 2.4.3.2.1.2. angelegte Liste wird benutzt.

Der Parameter "name" wird belegt mit
1) name1
   name2
2) name6.

2.4.3.2.3.3. Sollergebnisse

Parameter "vorhanden":	1) TRUE
	TRUE
	2) FALSE
Parameter "ausdruck":	1) ausdruck1
	ausdruck5
	2) (Inhalt wie bei Übergabe)

fktliste bleibt unverändert.

2.4.3.2.3.4. Testumgebung

Der Aufruf erfolgt in folgendem Rahmen:

```
...
VAR name: String;
vorhanden: BOOLEAN;
ausdruck: LongString;
...
vorhanden:= TRUE;
...
InitPostfix;
ListeAus;
WHILE vorhanden DO
        ReadString(name);
        LesePostfix(name, vorhanden, ausdruck);
        IF vorhanden
        THEN WriteString("vorhanden ")
        ELSE WriteString("nicht vorhanden ")
        END;
        WriteString("Ausdruck: "); WriteLongString (ausdruck); WriteLn;
        Listeaus
END;
...
```

2.4.3.2.4. SchreibePostfix

2.4.3.2.4.1. Testdatenmenge

Eine Funktion mit Name und Ausdruck.

2.4.3.2.4.2. Testdatum

Die von InitPostfix mit den Testdaten aus 2.4.3.2.1.2. angelegte Liste wird benutzt.

Parameter "name":	name6
Parameter "ausdruck":	ausdruck6

2.4.3.2.4.3. Sollergebnis

fktliste ist gegenüber der von InitPostfix erzeugten Liste um das erste Element mit den Inhalten name6 und ausdruck6 erweitert.

name6
ausdruck6
name5
ausdruck5

...

2.4.3.2.4.4. Testumgebung

```
...

VAR name: String;
ausdruck: LongString;

...

InitPostfix;
ListeAus;
ReadString(name); ReadLongString(ausdruck);
SchreibePostfix(name, ausdruck);
ListeAus;

...
```

2.4.3.2.5 LoeschePostfix

2.4.3.2.5.1. Testdatenmengen

1) fktliste enthält die zu löschende Funktion als erstes Element
2) fktliste enthält die Funktion, die jedoch nicht das erste Element ist
3) fktliste enthält die Funktion nicht

2.4.3.2.5.2. Testdaten

Die von InitPostfix mit den Testdaten aus 2.4.3.2.1.2. angelegte Liste wird benutzt.

Parameter "name":	1) name5
	2) name3
	3) name6

2.4.3.2.5.3. Sollergebnisse

Parameter "vorhanden":	1) TRUE
	2) TRUE
	3) FALSE
fktliste:	1) Liste mit den Funktionen name4...name1
	2) Liste mit den Funktionen name5, name4, name2, name1
	3) Liste bleibt unverändert

2.4.3.2.5.4. Testumgebung

```
...
VAR name: String;
vorhanden: BOOLEAN;
...
InitPostfix;
ListeAus;
ReadString(name);
LoeschePostfix(name, vorhanden);
IF vorhanden
THEN WriteString("vorhanden ")
ELSE WriteString("nicht vorhanden ")
END;
ListeAus;
...
```

2.5. Modul Hilfs

2.5.1. Entwurf

versteckte Operation:

PROCEDURE LeseZeile
AUFGABE Eingabe einer Textzeile

2.5.2. Kodierung

```
IMPLEMENTATION MODULE Hilfs;

FROM InOut IMPORT OpenInputFile, CloseInput, Read;
FROM Strings IMPORT String, Compare, CompareResults, Length;
FROM Storage IMPORT ALLOCATE;

TYPE TextListenTyp = POINTER TO TextTyp;
        TextTyp = RECORD
                        name: String;
                        zeile: String;
                        nachf: TextListenTyp
                    END;

VAR textliste: TextListenTyp;

PROCEDURE LeseZeile(VAR zeile:String);
(* Autoren: Dißmann,  Zurwehn 30.1.88 *)
VAR zeichen:CHAR;
        zaehler: CARDINAL;
BEGIN
        zaehler := 0;
        Read(zeichen);
        WHILE (ORD(zeichen) # 13) AND (ORD(zeichen)#10) DO
                zeile[zaehler]:= zeichen;
                INC(zaehler);
                Read(zeichen)
        END;
```

```
        zeile[zaehler] := CHR(0)
END LeseZeile;

PROCEDURE InitHilfe;
(* Autoren: Dißmann,  Zurwehn 30.1.88 *)
VAR hilfstext: TextListenTyp;
        name,zeile: String;
BEGIN
        textliste := NIL;
        OpenInputFile("A:\hilfe");
        LeseZeile(name);
        WHILE Length(name) # 0 DO
                LeseZeile(zeile);
                NEW(hilfstext);
                hilfstext^.name:= name;
                hilfstext^.zeile:= zeile;
                hilfstext^.nachf := textliste;
                textliste := hilfstext;
                LeseZeile(name)
        END;
        CloseInput
END InitHilfe;

PROCEDURE Hilfe(VAR fehler: BOOLEAN; VAR name:String;
        VAR zeile:String);
(* Autoren: Dißmann,  Zurwehn 30.1.88 *)
VAR hilfstext: TextListenTyp;
BEGIN
        hilfstext := textliste;
        WHILE (hilfstext # NIL) & (Compare(hilfstext^.name,name) # Equal) DO
                hilfstext := hilfstext^.nachf
        END;
        fehler:= hilfstext = NIL;
        IF NOT fehler THEN zeile := hilfstext^.zeile END
END Hilfe

END Hilfs.
```

2.6. Modul Dialog

2.6.1. Entwurf

versteckte Operation:

PROCEDURE SchreibeReelleZahl
AUFGABE Ausgabe einer Zahl in Gleitkommadarstellung

2.6.2. Kodierung

```
IMPLEMENTATION MODULE Dialog;

FROM InOut IMPORT Read,WriteString, Write, ReadString;
FROM VDIEscapes IMPORT CursorAddress, EraseToEOS, EraseToEOL,
        CursorHome;
FROM GEMVDIbase IMPORT VDIWorkInType, VDIWorkOutType;
```

```
FROM VDIControls IMPORT OpenVirtualWorkstation,
        CloseVirtualWorkstation;
FROM Strings IMPORT String, Delete, Insert;
FROM M2Conversions IMPORT ConvertReal;
FROM Storage IMPORT DEALLOCATE;
FROM typdefs IMPORT FktListenTyp, IntervallTyp, AuswahlTyp, PosTyp;

VAR WorkIn: VDIWorkInType;
        WorkOut: VDIWorkOutType;
        handle: INTEGER;

PROCEDURE SchreibeReelleZahl(VAR zahl: REAL);
(* Autoren: Dißmann,  Zurwehn 30.1.88 *)
VAR textzahl: String;
        neg: BOOLEAN;
BEGIN
        IF zahl < 0.0
        THEN
                neg:= TRUE;
                zahl := zahl * (-1.0)
        ELSE
                neg := FALSE
        END;
        IF (zahl >= 1.0E-4) AND (zahl < 1.0E+4)
        THEN ConvertReal(zahl,8,4,textzahl)
                ELSIF zahl <= 1.0E-8
                THEN textzahl:="0000.0000"
                ELSIF zahl < 1.0E-7
                THEN ConvertReal(zahl,8,8,textzahl)
                ELSIF zahl < 1.0E-6
                THEN ConvertReal(zahl,8,7,textzahl)
                ELSIF zahl < 1.0E-5
                THEN ConvertReal(zahl,8,6,textzahl)
                ELSIF zahl < 1.0E-4
                THEN ConvertReal(zahl,8,5,textzahl)
                ELSIF zahl >= 1.0E+8
                THEN textzahl:= "999999999."
                ELSIF zahl >= 1.0E+7
                THEN ConvertReal(zahl,8,0,textzahl)
                ELSIF zahl >= 1.0E+6
                THEN ConvertReal(zahl,8,1,textzahl)
                ELSIF zahl >= 1.0E+5
                THEN ConvertReal(zahl,8,2,textzahl)
        ELSE
                ConvertReal(zahl,8,3,textzahl)
        END;
        IF neg THEN Insert("-",textzahl,0) END;
        WriteString(textzahl)
END SchreibeReelleZahl;
```

```
PROCEDURE InitDialog;
(* Autoren: Dißmann,  Zurwehn 30.1.88 *)
BEGIN
        OpenVirtualWorkstation(WorkIn,handle,WorkOut);
        CursorHome(handle);
        EraseToEOS(handle)
END InitDialog;

PROCEDURE BeendeDialog;
(* Autoren: Dißmann,  Zurwehn 30.1.88 *)
BEGIN
        CursorHome(handle);
        EraseToEOS(handle);
        CloseVirtualWorkstation(handle)
END BeendeDialog;

PROCEDURE ZeigeRahmen;
(* Autoren: Dißmann,  Zurwehn 30.1.88 *)
VAR zaehler: CARDINAL;
BEGIN
        WriteString("1 Eintrag 2 Liste 3 Austrag 4 Ausdruck 5 Bereich ");
        WriteString("6 Ausgabe 7 Hilfe 8 Ende");
        FOR zaehler:=0 TO 80 DO
                CursorAddress(handle,3,zaehler);
                Write("-")
        END;
        FOR zaehler:=0 TO 80 DO
                CursorAddress(handle,21,zaehler);
                Write("-")
        END;
        CursorAddress(handle,23,1);
        WriteString("D [     |     ] ");
        WriteString("W [     |     ] ");
        WriteString("X:                    Y:")
END ZeigeRahmen;

PROCEDURE ZeigeDefBereich(def:IntervallTyp);
(* Autoren: Dißmann,  Zurwehn 30.1.88 *)
BEGIN
        CursorAddress(handle,23,4);
        SchreibeReelleZahl(def.ug);
        CursorAddress(handle,23,15);
        SchreibeReelleZahl(def.og)
END ZeigeDefBereich;

PROCEDURE ZeigeWerteBereich(wert:IntervallTyp);
(* Autoren: Dißmann,  Zurwehn 30.1.88 *)
BEGIN
        CursorAddress(handle,23,30);
        SchreibeReelleZahl(wert.ug);
        CursorAddress(handle,23,41);
        SchreibeReelleZahl(wert.og)
END ZeigeWerteBereich;
```

```
PROCEDURE ZeigeXSkalierung(xeinheit:REAL);
(* Autoren: Dißmann,  Zurwehn 30.1.88 *)
BEGIN
        CursorAddress(handle,23,56);
        SchreibeReelleZahl(xeinheit)
END ZeigeXSkalierung;

PROCEDURE ZeigeYSkalierung(yeinheit:REAL);
(* Autoren: Dißmann,  Zurwehn 30.1.88 *)
BEGIN
        CursorAddress(handle,23,69);
        SchreibeReelleZahl(yeinheit)
END ZeigeYSkalierung;

PROCEDURE ZeigeStatuszeile(VAR meldung:String);
(* Autoren: Dißmann,  Zurwehn 30.1.88 *)
BEGIN
        LoescheStatuszeile;
        CursorAddress(handle,24,1);
        WriteString(meldung)
END ZeigeStatuszeile;

PROCEDURE ZeigeFktListe(VAR fktliste: FktListenTyp);
(* Autoren: Dißmann,  Zurwehn 30.1.88 *)
VAR fkt: FktListenTyp;
        zaehler: CARDINAL;
        meldung: String;
        zeichen: CHAR;
BEGIN
        LoescheGraphik;
        fkt := fktliste;
        WHILE (fkt # NIL) DO
                zaehler := 4;
                WHILE (fkt # NIL) AND (zaehler <= 21) DO
                        CursorAddress(handle,zaehler,1);
                        WriteString(fkt^.name);
                        WriteString("=");
                        WriteString(fkt^.ausdruck);
                        fkt := fkt^.nachf;
                        INC(zaehler)
                END;
                IF fkt # NIL
                THEN
                        meldung := "Weiter mit Leertaste";
                        ZeigeStatuszeile(meldung);
                        CursorAddress(handle,2,1);
                        Read(zeichen);
                        WHILE zeichen # ' ' DO
                                CursorAddress(handle,2,1);
                                Read(zeichen)
                        END
                END
        END;
```

```
        fkt:= fktliste;
        fktliste:= fktliste^.nachf;
        DISPOSE(fkt);
        WHILE fktliste^.nachf # NIL DO
                fkt := fktliste;
                fktliste := fktliste^.nachf;
                DISPOSE(fkt)
        END;
        DISPOSE(fktliste)
END ZeigeFktListe;

PROCEDURE ZeichenInGraphik(pos: PosTyp; zeichen: CHAR);
(* Autoren: Dißmann,  Zurwehn 30.1.88 *)
BEGIN
        CursorAddress(handle,20-pos.ypos,pos.xpos+1);
        Write(zeichen)
END ZeichenInGraphik;

PROCEDURE ZeigeAusdruck(VAR ausdruck:String);
(* Autoren: Dißmann,  Zurwehn 30.1.88 *)
BEGIN
        LoescheAusdruck;
        CursorAddress(handle,22,1);
        WriteString(ausdruck)
END ZeigeAusdruck;

PROCEDURE LeseZeichenkette (VAR kette: String);
(* Autoren: Dißmann,  Zurwehn 30.1.88 *)
VAR zaehler: CARDINAL;
BEGIN
        CursorAddress(handle,2,1);
        FOR zaehler:= 0 TO 80 DO
                kette[zaehler] := CHR(0)
        END;
        ReadString(kette)
END LeseZeichenkette;

PROCEDURE LeseReelleZahl(VAR fehler:BOOLEAN; VAR zahl:REAL);
(* Autoren: Dißmann,  Zurwehn 30.1.88 *)
VAR zaehler, punktpos,nachkomma: CARDINAL;
        neg: BOOLEAN;
        exp: REAL;
        textzahl: String;
BEGIN
        CursorAddress(handle,2,1);
        zahl := 0.0;
        ReadString(textzahl);
        neg := textzahl[0] = '-';
        IF negTHEN Delete(textzahl,0,1) END;
        zaehler:= 0;
        punktpos:= 0;
        fehler := FALSE;
```

```
        WHILE ORD(textzahl[zaehler]) # 0 DO
                IF (ORD(textzahl[zaehler])<46) OR (ORD(textzahl[zaehler]) = 47)
                   OR (ORD(textzahl[zaehler]) > 57)
                THEN
                        fehler := TRUE
                ELSE
                        IF (textzahl[zaehler] = '.')
                        THEN
                                IF punktpos = 0
                                THEN punktpos := zaehler
                                ELSE fehler := TRUE
                                END
                        END
                END;
                INC(zaehler)
        END;
        IF (punktpos > 4) OR (punktpos = 0) THEN fehler:= TRUE; END;
        nachkomma := zaehler-1;
        IF NOT fehler
        THEN
                exp := 1.0;
                FOR zaehler:= punktpos-1 TO 0 BY -1 DO
                        zahl := zahl + FLOAT(ORD(textzahl[zaehler])-48)*exp;
                        exp := exp*10.0
                END;
                exp:= 0.1;
                FOR zaehler:= punktpos+1 TO nachkomma DO
                        zahl := zahl + FLOAT(ORD(textzahl[zaehler])-48)*exp;
                        exp:= exp/10.0
                END
        ELSE
                zahl:= 0.0
        END;
        IF neg THEN zahl := zahl * (-1.0) END
END LeseReelleZahl;

PROCEDURE LeseMenueauswahl (VAR fehler:BOOLEAN;
        VAR auswahl:AuswahlTyp);
(* Autoren: Dißmann,  Zurwehn 30.1.88 *)
VAR zeichen: CHAR;
BEGIN
        CursorAddress(handle,2,1);
        Read(zeichen);
        fehler:= ((ORD(zeichen) < 49) OR (ORD(zeichen) > 57));
        IF NOT fehler THEN auswahl := ORD(zeichen)-48 END
END LeseMenueauswahl;

PROCEDURE LoescheDefBereich;
(* Autoren: Dißmann,  Zurwehn 30.1.88 *)
BEGIN
        CursorAddress(handle,23,4);
        WriteString("     |     ")
END LoescheDefBereich;
```

```
PROCEDURE LoescheWerteBereich;
(* Autoren: Dißmann, Zurwehn 30.1.88 *)
BEGIN
        CursorAddress(handle,23,30);
        WriteString("     |     ")
END LoescheWerteBereich;

PROCEDURE LoescheYSkalierung;
(* Autoren: Dißmann, Zurwehn 30.1.88 *)
BEGIN
        CursorAddress(handle,23,69);
        WriteString(" ")
END LoescheYSkalierung;

PROCEDURE LoescheStatuszeile;
(* Autoren: Dißmann, Zurwehn 30.1.88 *)
BEGIN
        CursorAddress(handle,24,1);
        EraseToEOL(handle)
END LoescheStatuszeile;

PROCEDURE LoescheEingabezeile;
(* Autoren: Dißmann, Zurwehn 30.1.88 *)
BEGIN
        CursorAddress(handle,2,1);
        EraseToEOL(handle)
END LoescheEingabezeile;

PROCEDURE LoescheGraphik;
(* Autoren: Dißmann, Zurwehn 30.1.88 *)
VAR zaehler: CARDINAL;
BEGIN
        FOR zaehler := 4 TO 20 DO
                CursorAddress(handle,zaehler,1);
                EraseToEOL(handle)
        END
END LoescheGraphik;

PROCEDURE LoescheAusdruck;
(* Autoren: Dißmann, Zurwehn 30.1.88 *)
BEGIN
        CursorAddress(handle,22,1);
        EraseToEOL(handle)
END LoescheAusdruck

END Dialog.
```

2.7. Modul Ausana

2.7.1. Entwurf

interne Typdefinition:

BaumTyp : (inhalt : LISTE VON ZEICHEN, last: BaumTyp, rast : BaumTyp)

versteckte Operationen:

PROCEDURE LoescheSyntaxbaum
AUFGABE Löschen der Datenstruktur binärer Baum aus BaumTyp-Elementen

PROCEDURE Ausdruckerzeugen
AUFGABE Anlegen eines Postfixausdrucks

PROCEDURE Zahl
AUFGABE Analyse einer Zahl entsprechend Syntaxdiagramm

PROCEDURE Name
AUFGABE Analyse eines Namens entsprechend Syntaxdiagramm

PROCEDURE Faktor
AUFGABE Analyse eines Faktors entsprechend Syntaxdiagramm

PROCEDURE Term
AUFGABE Analyse eines Terms entsprechend Syntaxdiagramm

PROCEDURE Ausdruck
AUFGABE Analyse eines Ausdrucks entsprechend Syntaxdiagramm

2.7.2. Kodierung

```
IMPLEMENTATION MODULE Ausana;

FROM Strings IMPORT String, Insert, Concat;
FROM Storage IMPORT ALLOCATE, DEALLOCATE;
FROM Infix IMPORT InfixVorhanden, SchreibeInfix;
FROM Postfix IMPORT SchreibePostfix;
FROM typdefs IMPORT AnalyseFehlerTyp, LoescheString, LongString;

TYPE BaumTyp = POINTER TO ElementTyp;
     ElementTyp = RECORD
                    inhalt: String;
                    last: BaumTyp;
                    rast: BaumTyp
                  END;

(* Das Modul bedient sich der Technik des "Rekursiven Abstiegs" *)

VAR  teilausdruck: String;
     wurzel: BaumTyp;
     pos: CARDINAL;
     analysefehler: AnalyseFehlerTyp;
```

```
PROCEDURE LoescheSyntaxBaum(VAR tbaum: BaumTyp);
(* Autoren: Dißmann,  Zurwehn 30.1.88 *)
BEGIN
      IF tbaum^.last # NIL THEN LoescheSyntaxBaum(tbaum^.last) END;
      IF tbaum^.rast # NIL THEN LoescheSyntaxBaum(tbaum^.rast) END;
      DISPOSE(tbaum)
END LoescheSyntaxBaum;

PROCEDURE AusdruckErzeugung(tbaum: BaumTyp;
      VAR postfixfkt: LongString);
(* Autoren: Dißmann,  Zurwehn 30.1.88 *)
VAR tpostfixfkt: LongString;
BEGIN
      IF tbaum # NIL
      THEN
            AusdruckErzeugung(tbaum^.last, postfixfkt);
            AusdruckErzeugung(tbaum^.rast, postfixfkt);
            tpostfixfkt:= postfixfkt;
            Concat(tpostfixfkt, tbaum^.inhalt, postfixfkt)
      END
END AusdruckErzeugung;

PROCEDURE Zahl(VAR name:String);
(* Autoren: Dißmann,  Zurwehn 30.1.88 *)
VAR zaehler, namepos: CARDINAL;
BEGIN
      zaehler := 1;
      namepos := 0;
      LoescheString(name);
      WHILE (ORD(teilausdruck[pos]) >= 48) AND
            (ORD(teilausdruck[pos]) <= 57) AND
            (zaehler <= 4) DO
            name[namepos]:= teilausdruck[pos];
            INC(pos);
            INC(zaehler);
            INC(namepos)
      END;
      IF (zaehler = 5) OR (teilausdruck[pos] # '.')
      THEN
            analysefehler:= Syntaxfehler
      ELSE
            name[namepos]:= '.';
            INC(pos);
            INC(namepos);
            zaehler := 1;
            WHILE (ORD(teilausdruck[pos]) >= 48) AND
                  (ORD(teilausdruck[pos]) <= 57) AND
                  (zaehler <= 4) DO
                  name[namepos]:= teilausdruck[pos];
                  INC(pos);
                  INC(namepos);
                  INC(zaehler)
            END;
```

```
            IF (zaehler = 5)
            THEN
                analysefehler:= Syntaxfehler
            END
        END
    END Zahl;

    PROCEDURE Name(VAR name:String);
    (* Autoren: Dißmann,  Zurwehn 30.1.88 *)
    VAR zaehler: CARDINAL;
    BEGIN
        zaehler:= 1;
        LoescheString(name);
        WHILE (ORD(teilausdruck[pos]) >= 97) AND
                (ORD(teilausdruck[pos]) <= 122) AND (zaehler <= 8) DO
            name[zaehler-1] := teilausdruck[pos];
            INC(zaehler);
            INC(pos)
        END;
        IF zaehler = 9 THEN analysefehler:= Syntaxfehler END
    END Name;

    PROCEDURE Faktor(VAR wurzel:BaumTyp);
    (* Autoren: Dißmann,  Zurwehn 30.1.88 *)
    BEGIN
        IF teilausdruck[pos] = '('            (* Klammerausdruck *)
        THEN
            INC(pos);
            Ausdruck(wurzel);
            IF teilausdruck[pos] # ')'
            THEN analysefehler:= Syntaxfehler
            ELSE INC(pos);
            END
        ELSE
            IF (ORD(teilausdruck[pos]) >= 48) AND
                (ORD(teilausdruck[pos]) <= 57)            (* Zahl *)
            THEN
                NEW(wurzel);
                Zahl(wurzel^.inhalt);
                Insert("Z",wurzel^.inhalt,0);
                wurzel^.last := NIL;
                wurzel^.rast := NIL
            ELSE                                    (* Funktionsaufruf *)
                IF ((ORD(teilausdruck[pos]) = 120) AND
                    (ORD(teilausdruck[pos+1]) >= 97) AND
                    (ORD(teilausdruck[pos+1]) <= 122)) OR
                    ((ORD(teilausdruck[pos]) # 120) AND
                    (ORD(teilausdruck[pos]) >= 97) AND
                    (ORD(teilausdruck[pos]) <= 122))
                THEN
                    NEW(wurzel);
                    wurzel^.last:= NIL;
                    wurzel^.rast:= NIL;
```

```
                                  Name(wurzel^.inhalt);
                                  IF NOT InfixVorhanden(wurzel^.inhalt)
                                  THEN analysefehler:= Semantikfehler
                                  ELSE
                                        Insert("A",wurzel^.inhalt,0);
                                        wurzel^.last := NIL;
                                        wurzel^.rast := NIL;
   (* aktueller Parameter *)            IF teilausdruck[pos] # '('
                                        THEN analysefehler:= Syntaxfehler
                                        ELSE
                                              INC(pos);
                                              Ausdruck(wurzel^.last);
                                              IF teilausdruck[pos] # ')'
                                              THEN analysefehler:= Syntaxfehler
                                              ELSE INC(pos)
                                              END
                                        END
                                  END
                                  ELSE
                                  IF ORD(teilausdruck[pos]) # 120
                                  THEN analysefehler:= Syntaxfehler
                                  ELSE
         (* Variable *)                 NEW(wurzel);
                                        wurzel^.inhalt := "Vx";
                                        wurzel^.last := NIL;
                                        wurzel^.rast := NIL;
                                        INC(pos)
                                  END
                            END
                      END
                END
    END Faktor;

    PROCEDURE Term(VAR wurzel:BaumTyp);
    (* Autoren: Dißmann,  Zurwehn 30.1.88 *)
    VAR ltbaum, rtbaum, tbaum: BaumTyp;
    BEGIN
          ltbaum:= NIL;
          tbaum:= NIL;
          Faktor(ltbaum);
          WHILE ((teilausdruck[pos] = "*") OR
                (teilausdruck[pos] = '/')) AND
                (analysefehler = Fehlerfrei) DO
                NEW(tbaum);
                tbaum^.last:= NIL;
                tbaum^.rast:= NIL;
                tbaum^.inhalt := "I ";
                tbaum^.inhalt[1]:= teilausdruck[pos];
                INC(pos); rtbaum:= NIL;
                IF (analysefehler = Fehlerfrei) THEN Faktor(rtbaum) END;
                tbaum^.last := ltbaum;
                tbaum^.rast := rtbaum;
```

```
                ltbaum := tbaum
        END;
        wurzel := ltbaum
END Term;

PROCEDURE Ausdruck(VAR wurzel:BaumTyp);
(* Autoren: Dißmann,  Zurwehn 30.1.88 *)
VAR ltbaum, rtbaum, tbaum: BaumTyp;
BEGIN
        ltbaum:= NIL;
        tbaum:= NIL;
        Term(ltbaum);
        WHILE ((teilausdruck[pos] = '+') OR
              (teilausdruck[pos] = '-')) AND (analysefehler = Fehlerfrei) DO
                NEW(tbaum);
                tbaum^.last:= NIL;
                tbaum^.rast:= NIL;
                tbaum^.inhalt := "I ";
                tbaum^.inhalt[1]:= teilausdruck[pos];
                INC(pos);
                rtbaum:= NIL;
                IF analysefehler = Fehlerfrei THEN Term(rtbaum) END;
                tbaum^.last := ltbaum;
                tbaum^.rast := rtbaum;
                ltbaum := tbaum
        END;
        wurzel := ltbaum
END Ausdruck;

PROCEDURE Analyse(VAR name:String; VAR ausdruck:String;
        VAR fehler:AnalyseFehlerTyp);
(* Autoren: Dißmann,  Zurwehn 30.1.88 *)
VAR postfixfkt, tpostfixfkt: LongString;
BEGIN
        teilausdruck:= ausdruck;
        pos:= 0;
        wurzel := NIL;
        analysefehler:= Fehlerfrei;
        IF NOT InfixVorhanden(name)
        THEN                                (* Name noch nicht vorhanden *)
                Ausdruck(wurzel);
                IF teilausdruck[pos] # CHR(0)
                THEN analysefehler:= Syntaxfehler
                END;
                tpostfixfkt:= "";
                IF analysefehler = Fehlerfrei
                THEN
                        AusdruckErzeugung(wurzel,tpostfixfkt);
                        Concat(tpostfixfkt,"E",postfixfkt);
                        SchreibePostfix(name,postfixfkt);
                        SchreibeInfix(name,ausdruck)
                END
```

```
        ELSE
            analysefehler:= Semantikfehler
        END;
        fehler:= analysefehler;
        IF wurzel # NIL
        THEN
            LoescheSyntaxBaum(wurzel)
        END
    END Analyse

    END Ausana.
```

2.8. Modul Ausaus

2.8.1. Entwurf

interne Typvereinbarung:

```
LexListenTyp : LISTE VON (art: ZEICHEN,
                          inhalt: LISTE VON ZEICHEN,
                          wert : REELLE ZAHL,
                          vorg : LexListenTyp,
                          nachf : LexListenTyp)
```

versteckte Operationen:

```
PROCEDURE LeseLex
AUFGABE   Lesen von lexikalischen Einheiten aus einem Postfixausdruck

PROCEDURE WandelInLexEinheiten
AUFGABE   Aufbau einer Liste nach einem Postfixausdruck

PROCEDURE BerechneZweistelligenAusdruck
AUFGABE   Berechnen der Ergebnisse von zweistelligen Funktionen
          (+,-,*,/)

PROCEDURE BerechneEinstelligenAusdruck
AUFGABE   Berechnen der Ergebnisse einstelliger Funktionen (vor- oder
          benutzerdefiniert)
```

2.8.2. Kodierung

```
IMPLEMENTATION MODULE Ausaus;

FROM Storage IMPORT ALLOCATE, DEALLOCATE;
FROM M2Conversions IMPORT ConvertToReal;
FROM MathLib0 IMPORT sin, cos, ln, exp;
FROM Strings IMPORT String, Compare, CompareResults;
FROM Anzdat IMPORT LeseDefBereich, SchreibeXSka, LeseXSka,
        SchreibeYSka;
FROM Anzgr IMPORT SpMax, ZeMax;
FROM Postfix IMPORT LesePostfix;
FROM typdefs IMPORT LongString, SkaFehlerTyp, IntervallTyp;
```

```
TYPE LexListenTyp = POINTER TO LexTyp;
       LexTyp = RECORD
                      art: CHAR;
                      inhalt: String;
                      wert: REAL;
                      vorg: LexListenTyp;
                      nachf: LexListenTyp
                   END;

PROCEDURE LeseLex(VAR ausdruck: LongString;
       VAR zaehler: CARDINAL; xwert: REAL; VAR lex: LexListenTyp);
(* Autoren: Dißmann,  Zurwehn 30.1.88 *)
VAR   pos: CARDINAL;
       fehler: BOOLEAN;
BEGIN
       pos := 0;
       lex^.art := ausdruck[zaehler];
       INC(zaehler);
       IF lex^.art = 'V'
       THEN
              lex^.wert := xwert;
              lex^.inhalt := " ";
              INC(zaehler)
       ELSE
              WHILE (ORD(ausdruck[zaehler]) < ORD('A')) OR
                        (ORD(ausdruck[zaehler]) > ORD('Z')) DO
                     lex^.inhalt[pos] := ausdruck[zaehler];
                     INC(zaehler);
                     INC(pos)
              END;
              lex^.inhalt[pos]:= CHR(0);
              IF lex^.art = 'Z'
              THEN
                     ConvertToReal(lex^.inhalt, fehler, lex^.wert)
              ELSE
                     lex^.wert:= 0.0
              END
       END
END LeseLex;

PROCEDURE WandelInLexEinheiten(VAR ausdruck: LongString;
       xwert: REAL; VAR lexliste: LexListenTyp);
(* Autoren: Dißmann,  Zurwehn 30.1.88 *)
VAR   zaehler: CARDINAL;
       lex1, lex2: LexListenTyp;
BEGIN
       zaehler := 0;
       NEW(lexliste);
       LeseLex(ausdruck, zaehler, xwert, lexliste);
       lexliste^.vorg := NIL;
       lexliste^.nachf := NIL;
       lex1 := lexliste;
```

```
        WHILE ausdruck[zaehler] # 'E' DO
                NEW(lex2);
                LeseLex(ausdruck, zaehler, xwert, lex2);
                lex2^.nachf := NIL;
                lex2^.vorg := lex1;
                lex1^.nachf := lex2;
                lex1 := lex2
        END
    END WandelInLexEinheiten;

    PROCEDURE BerechneZweistelligenAusdruck(VAR lexpos: LexListenTyp;
        VAR fehler: BOOLEAN);
    (* Autoren: Dißmann,  Zurwehn 30.1.88 *)
    VAR lex1, lex2: LexListenTyp;
    BEGIN
        lexpos^.art := 'Z';
        lex1 := lexpos^.vorg^.vorg;
        lex2 := lexpos^.vorg;
        IF lexpos^.inhalt[0] = '+'
        THEN lexpos^.wert := lex1^.wert + lex2^.wert
        ELSIF lexpos^.inhalt[0] = '-'
            THEN lexpos^.wert := lex1^.wert - lex2^.wert
            ELSIF lexpos^.inhalt[0] ="*"
                THEN lexpos^.wert := lex1^.wert * lex2^.wert
                ELSIF ((lexpos^.inhalt[0] = '/') AND
                  (lex2^.wert > 1.0E-8) OR (lex2^.wert < -1.0E-8))
                    THEN lexpos^.wert := lex1^.wert / lex2^.wert
                    ELSE lexpos^.wert := -1.0E+9
        END;
        fehler := (lexpos^.wert >= 1.0E+8) OR (lexpos^.wert <= -1.0E+8);
        lexpos^.vorg := lex1^.vorg;
        IF lex1^.vorg # NIL THEN lex1^.vorg^.nachf := lexpos END;
        DISPOSE(lex1);
        DISPOSE(lex2)
    END BerechneZweistelligenAusdruck;

    PROCEDURE BerechneEinstelligenAusdruck(VAR lexpos: LexListenTyp;
        xwert: REAL; VAR fehler: BOOLEAN);
    (* Autoren: Dißmann,  Zurwehn 30.1.88 *)
    VAR lex1, lex2, opliste: LexListenTyp;
        ausdruck: LongString;
        vorhanden: BOOLEAN;
    BEGIN
        lex1 := lexpos^.vorg;
        lexpos^.art := 'Z';
        IF (Compare(lexpos^.inhalt,"sin") = Equal)
        THEN lexpos^.wert := sin(lex1^.wert)
        ELSIF (Compare(lexpos^.inhalt,"cos") = Equal)
            THEN lexpos^.wert := cos(lex1^.wert);
            ELSIF (Compare(lexpos^.inhalt,"ln") = Equal)
                THEN
```

```
                    IF lex1^.wert < exp(-1.5E+1)
                    THEN fehler:= TRUE
                    ELSE lexpos^.wert := ln(lex1^.wert)
                    END
                ELSIF (Compare(lexpos^.inhalt,"exp") = Equal)
                    THEN
                        IF lex1^.wert > ln(1.0E+8)
                        THEN fehler := TRUE
                        ELSE lexpos^.wert := exp(lex1^.wert)
                        END
                    ELSE
                        LesePostfix(lexpos^.inhalt,vorhanden,
                        ausdruck);
                        IF NOT vorhanden
                        THEN fehler:= TRUE
                        ELSE
                        WandelInLexEinheiten(ausdruck,
                            xwert, opliste);
                        lex2:= opliste;
                        WHILE lex2^.nachf # NIL DO
                        lex2:= lex2^.nachf
                        END;
                        lex2^.nachf := lexpos^.nachf;
                        IF lexpos^.nachf # NIL
                        THEN lexpos^.nachf^.vorg := lex2 END;
                        IF lex1^.vorg # NIL
                        THEN
                        lex1^.vorg^.nachf := opliste;
                        opliste^.vorg := lex1^.vorg
                        END;
                        DISPOSE(lex1);
                        DISPOSE(lexpos);
                        lexpos:= opliste;
                        lex1:= NIL
                    END
        END;
        IF lex1 # NIL
        THEN
            lexpos^.vorg := lex1^.vorg;
            IF lex1^.vorg # NIL
            THEN lex1^.vorg^.nachf := lexpos END;
            DISPOSE(lex1)
        END
    END BerechneEinstelligenAusdruck;

    PROCEDURE Wert(VAR name: String; xwert: REAL; VAR definiert:
        BOOLEAN; VAR ywert: REAL);
    (* Autoren: Dißmann, Zurwehn 30.1.88 *)
    VAR vorhanden, fehler: BOOLEAN;
        ausdruck: LongString;
        lexliste: LexListenTyp;
        lex1, lex2: LexListenTyp;
```

```
BEGIN
      LesePostfix(name,vorhanden,ausdruck);
      IF NOT vorhanden
      THEN definiert:= FALSE
      ELSE
            WandelInLexEinheiten(ausdruck,xwert, lexliste);
            fehler:= FALSE;
            WHILE (lexliste # NIL) AND NOT fehler DO
                  IF lexliste^.art = 'A'
                  THEN BerechneEinstelligenAusdruck (lexliste,
                              lexliste^.vorg^.wert,fehler)
                  ELSIF lexliste^.art = 'I'
                        THEN BerechneZweistelligenAusdruck
                              (lexliste,fehler)
                        ELSIF lexliste^.nachf # NIL
                              THEN lexliste := lexliste^.nachf
                              ELSE
                                    ywert := lexliste^.wert;
                                    DISPOSE(lexliste);
                                    lexliste:= NIL
                              END
            END;
            definiert := NOT fehler;
            IF fehler
            THEN
                  lex1:= lexliste^.nachf;
                  lex2:= lexliste^.vorg;
                  IF lex1 # NIL
                  THEN
                        WHILE lex1^.nachf # NIL DO
                              lex1:= lex1^.nachf;
                              DISPOSE(lex1^.vorg)
                        END
                  END;
                  IF lex2 # NIL
                  THEN
                        IF lex1 # NIL
                        THEN DISPOSE(lex1) END;
                        WHILE lex2^.vorg # NIL DO
                              lex2:= lex2^.vorg;
                              DISPOSE(lex2^.nachf)
                        END
                  END;
                  IF lex2 # NIL
                  THEN DISPOSE(lex2) END;
                  DISPOSE(lexliste)
            END
      END
END Wert;
```

```
PROCEDURE YSkalierung(VAR fehler: SkaFehlerTyp;
        VAR yeinheit: REAL; VAR wertebereich: IntervallTyp);
(* Autoren: Dißmann,  Zurwehn 30.1.88 *)
VAR     defbereich: IntervallTyp;
        vorhanden, definiert: BOOLEAN;
        name: String;
        xeinheit, xwert, ywert, min, max: REAL;
        ausdruck: LongString;
        zaehler: CARDINAL;
BEGIN
        LeseDefBereich(vorhanden, defbereich);
        IF NOT vorhanden
        THEN fehler:= Deffehlt
        ELSE
                name:= "FKT";
                LeseXSka(vorhanden,xeinheit);
                LesePostfix(name,vorhanden,ausdruck);
                IF NOT vorhanden
                THEN fehler:= Ausdruckfehlt
                ELSE
                        min:= 1.0E+9;
                        max:= -1.0E+9;
                        FOR zaehler:= 0 TO SpMax()-1 DO
                                xwert:= defbereich.ug
                                        + FLOAT(zaehler) * xeinheit;
                                Wert(name,xwert,definiert,ywert);
                                IF definiert
                                THEN
                                        IF ywert < min THEN min:= ywert END;
                                        IF ywert > max THEN max:= ywert END
                                END
                        END;
                        IF min = 1.0E+9
                        THEN fehler:= Undefiniert
                        ELSE
                                IF min = max
                                THEN
                                        min:= min - 5.0;
                                        max:= max + 5.0
                                END;
                                yeinheit := (max-min)/FLOAT(ZeMax()-1);
                                fehler:= Fehlerlos;
                                SchreibeYSka(yeinheit);
                                wertebereich.ug := min;
                                wertebereich.og := max
                        END
                END
        END
END YSkalierung;
```

```
PROCEDURE XSkalierung(VAR fehler:BOOLEAN; VAR xeinheit:REAL);
(* Autoren: Dißmann,  Zurwehn 30.1.88 *)
VAR  spalten: CARDINAL;
      defbereich: IntervallTyp;
      vorhanden: BOOLEAN;
      abstand: REAL;
BEGIN
      LeseDefBereich(vorhanden, defbereich);
      IF vorhanden
      THEN
            spalten := SpMax();
            IF ((defbereich.ug > 0.0) & (defbereich.og > 0.0)) OR
               ((defbereich.ug < 0.0) & (defbereich.og < 0.0))
            THEN
                  abstand :=  ABS(ABS(defbereich.ug)-
                              ABS(defbereich.og))
            ELSE
                  abstand := ABS(defbereich.ug)+ABS(defbereich.og)
            END;
            xeinheit:= abstand/FLOAT(SpMax()-1);
            SchreibeXSka(xeinheit);
            fehler:= FALSE
      ELSE fehler:= TRUE
      END
END XSkalierung

END Ausaus.
```

2.9. Modul IFD

2.9.1. Entwurf

versteckte Operationen:

PROCEDURE InitIFD
AUFGABE Initialisierungen vor Produktanwendung

PROCEDURE BeendeIFD
AUFGABE Sicherungen nach Produktanwendung

PROCEDURE Funktionalitaet
AUFGABE Steuert den Ablauf des Produkts und stellt seine Funktionalität zur Verfügung

"MODUL-BODY"
AUFGABE Aufruf der o.a. versteckten Operationen ermöglicht die Produktanwendung

2.9.2. Kodierung

```
MODULE IFD;

FROM Strings IMPORT String, Length, Compare, CompareResults;
FROM AESGraphics IMPORT GrafMouse;
FROM GEMAESbase IMPORT MouseOff, MouseOn;
FROM Dialog IMPORT
        InitDialog, BeendeDialog, ZeigeRahmen, ZeigeDefBereich,
        ZeigeWerteBereich, ZeigeXSkalierung, ZeigeYSkalierung,
        ZeigeStatuszeile, ZeichenInGraphik, LeseZeichenkette,
        LeseReelleZahl, LeseMenueauswahl, LoescheWerteBereich,
        LoescheDefBereich, ZeigeFktListe, LoescheYSkalierung,
        LoescheStatuszeile, LoescheGraphik, LoescheEingabezeile,
        ZeigeAusdruck, LoescheAusdruck;
FROM Ausaus IMPORT XSkalierung, YSkalierung, Wert;
FROM Anzdat IMPORT
        SchreibeDefBereich, InitAnzdat, LeseXSka, LeseDefBereich;
FROM Anzgr IMPORT SpMax;
FROM Hilfs IMPORT InitHilfe, Hilfe;
FROM Postfix IMPORT InitPostfix, BeendePostfix, LoeschePostfix;
FROM Infix IMPORT
        InitInfix, BeendeInfix, LoescheInfix, Uebersicht, InfixVorhanden;
FROM Ausana IMPORT Analyse;
FROM typdefs IMPORT
        LoescheString, PosTyp, AuswahlTyp, SkaFehlerTyp, IntervallTyp,
        FktListenTyp, AnalyseFehlerTyp;

PROCEDURE InitIFD;
(* Autoren: Dißmann,  Zurwehn 30.1.88  *)
BEGIN
        GrafMouse(MouseOff,NIL); (* Menuesteuerung durch Zahlen *)
        InitDialog;
        InitAnzdat;
        InitHilfe;
        InitInfix;
        InitPostfix;
        ZeigeRahmen
END InitIFD;

PROCEDURE BeendeIFD;
(* Autoren: Dißmann,  Zurwehn 30.1.88  *)
BEGIN
        BeendeDialog;
        BeendeInfix;
        BeendePostfix;
        GrafMouse(MouseOn,NIL)
END BeendeIFD;
```

```
PROCEDURE Funktionalitaet;
VAR  auswahl: AuswahlTyp;
        wahl: [1..9];
        fehler, definiert, vorhanden, deffehler: BOOLEAN;
        meldung, name, funktion, ausdruck: String;
        zahl1, zahl2: REAL;
        defbereich, wertebereich: IntervallTyp;
        xeinheit, yeinheit, xwert, ywert: REAL;
        zaehler, gleichpos: CARDINAL;
        pos: PosTyp;
        analysefehler: AnalyseFehlerTyp;
        skafehler: SkaFehlerTyp;
        fktliste: FktListenTyp;
BEGIN
        meldung:= "bitte Auswahl";
        ZeigeStatuszeile(meldung);
        LeseMenueauswahl(fehler,auswahl);
        IF fehler
        THEN wahl := 9
        ELSE wahl := auswahl
        END;
        WHILE wahl # 8 DO
        CASE wahl OF
        1:      LoescheEingabezeile;
                meldung:= "Funktion eingeben";
                ZeigeStatuszeile(meldung);
                LoescheString(funktion);
                LeseZeichenkette(funktion);
                IF Length(funktion) = 0
                THEN analysefehler:= Syntaxfehler
                ELSE
                        gleichpos:= 0;
                        WHILE (gleichpos < Length(funktion)) AND
                                    (funktion[gleichpos] # '=') DO
                                INC(gleichpos)
                        END;
                        IF gleichpos > Length(funktion)
                        THEN
                                deffehler:= FALSE;
                                analysefehler:= Syntaxfehler
                        ELSE
                                LoescheString(name);
                                FOR zaehler := 0 TO gleichpos-1 DO
                                        name[zaehler] := funktion[zaehler]
                                END;
                                name[gleichpos] := CHR(0);
                                zaehler := gleichpos+1;
                                LoescheString(ausdruck);
```

```
                WHILE (funktion[zaehler] # CHR(0)) DO
                      ausdruck[zaehler-gleichpos-1] :=
                      funktion[zaehler];
                      INC(zaehler)
                END;
                ausdruck[zaehler] := CHR(0);
                IF (Compare(name,"x") = Equal)
                THEN
                      deffehler:= FALSE;
                      analysefehler:= Fehlerfrei
                ELSIF InfixVorhanden(name)
                      THEN
                      deffehler:= TRUE;
                      analysefehler:= Fehlerfrei
                      ELSE
                      deffehler:= FALSE;
                      Analyse(name,ausdruck,analysefehler)
                      END
          END
    END;
    IF deffehler
    THEN
          meldung:=
          "Funktionsname bereits vergeben - bitte Auswahl"
    ELSIF analysefehler # Fehlerfrei
    THEN
    meldung:=
    "Funktionsname oder -ausdruck fehlerhaft - bitte Auswahl"
    ELSE
          meldung:= "bitte Auswahl"
    END|
2:  Uebersicht(fktliste);
    ZeigeFktListe(fktliste);
    meldung := "Bitte Auswahl"|
3:  meldung:= "Funktionsname eingeben";
    LoescheEingabezeile;
    ZeigeStatuszeile(meldung);
    LoescheString(name);
    LeseZeichenkette(name);
    IF (Compare(name,"sin") = Equal) OR
       (Compare(name,"cos") = Equal) OR
       (Compare(name,"ln") = Equal) OR
       (Compare(name,"exp") = Equal)
    THEN
          meldung:= "Vordefinierte Funktion - bitte Auswahl"
    ELSE
```

```
                Loeschelnfix(name,vorhanden);
                IF vorhanden
                THEN
                        LoeschePostfix(name,vorhanden);
                        meldung:= "Bitte Auswahl"
                ELSE
                meldung:= "Funktionsname unbekannt - bitte Auswahl"
                END
        END|
4:      meldung:= "Funktionsausdruck eingeben";
        ZeigeStatuszeile(meldung);
        LoescheString(ausdruck);
        name:= "FKT";
        Loeschelnfix(name,vorhanden);
        LoeschePostfix(name, vorhanden);
        LoescheWerteBereich;
        LoescheGraphik;
        LoescheAusdruck;
        LoescheEingabezeile;
        LeseZeichenkette(ausdruck);
        Analyse(name,ausdruck,analysefehler);
        IF analysefehler # Fehlerfrei
        THEN
        meldung:= "Funktionsausdruck fehlerhaft - bitte Auswahl"
        ELSE
                ZeigeAusdruck(ausdruck);
                meldung:= "bitte Auswahl"
        END|
5:      LoescheEingabezeile;
        meldung := "1. Intervallgrenze angeben";
        ZeigeStatuszeile(meldung);
        LeseReelleZahl(fehler,zahl1);
        IF fehler
        THEN meldung:= "Format unzulässig - bitte Auswahl"
        ELSE
                LoescheEingabezeile;
                meldung := "2. Intervallgrenze angeben";
                ZeigeStatuszeile(meldung);
                LeseReelleZahl(fehler,zahl2);
                IF fehler
                THEN meldung:= "Format unzulässig - bitte Auswahl"
                ELSE IF zahl1 = zahl2
                THEN
                meldung:= "Intervallgrenzen sind gleich - bitte Auswahl"
                ELSE IF zahl1 < zahl2
                THEN
                        defbereich.ug := zahl1;
                        defbereich.og := zahl2
                ELSE
                        defbereich.ug := zahl2;
                        defbereich.og := zahl1
                END;
```

```
                    SchreibeDefBereich(defbereich);
                    XSkalierung(fehler,xeinheit);
                    LoescheDefBereich;
                    LoescheWerteBereich;
                    LoescheYSkalierung;
                    LoescheGraphik;
                    ZeigeDefBereich(defbereich);
                    ZeigeXSkalierung(xeinheit);
                    LoescheEingabezeile;
                    meldung := "Bitte Auswahl"
                    END
            END
        END|
    6:  LoescheGraphik;
        LoescheYSkalierung;
        LoescheStatuszeile;
        YSkalierung(skafehler, yeinheit, wertebereich);
        IF skafehler = Deffehlt
        THEN
            meldung:=
            "Definitionsintervall nicht angegeben - bitte Auswahl"
        ELSE
            IF skafehler = Ausdruckfehlt
            THEN
                meldung:=
                "Ausdruck nicht angegeben - bitte Auswahl"
            ELSE
            IF skafehler = Undefiniert
            THEN
                meldung:=
                "Funktion nicht definiert - Bitte Auswahl"
            END;
            LeseDefBereich(vorhanden, defbereich);
            LeseXSka(vorhanden, xeinheit);
            name:= "FKT";
            IF skafehler = Fehlerlos
            THEN
                meldung:= "Bitte Auswahl";
                ZeigeWerteBereich(wertebereich);
                ZeigeYSkalierung(yeinheit)
            END;
            FOR zaehler:= 0 TO SpMax()-1 DO
                pos.xpos:= zaehler;
                IF skafehler = Undefiniert
                THEN
                    pos.ypos:= 0;
                    ZeichenInGraphik(pos,'#')
                ELSE
                    xwert:=
                    defbereich.ug + FLOAT(zaehler) * xeinheit;
                    Wert(name,xwert,definiert,ywert);
```

```
                                IF definiert
                                THEN
                                ywert:= ywert - wertebereich.ug;
                                pos.ypos:= TRUNC(ywert/yeinheit);
                                ZeichenInGraphik(pos,'*')
                                ELSE pos.ypos:= 0;
                                ZeichenInGraphik(pos,'#')
                                END
                                END
                          END
                     END
                END|
     7:         LoescheEingabezeile;
                meldung:= "Benutzerfunktionsnamen eingeben";
                ZeigeStatuszeile(meldung);
                LeseZeichenkette(name);
                Hilfe(fehler,name,meldung);
                IF fehler
                THEN
                     meldung:= "Benutzerfunktion unbekannt - bitte Auswahl"
                ELSE
                     ZeigeStatuszeile(meldung);
                     LoescheEingabezeile
                END|
     9:         meldung:= "Unzulässige Auswahl - bitte neue Auswahl";
     END;
     ZeigeStatuszeile(meldung);
     LeseMenueauswahl(fehler,auswahl);
     IF fehler
     THEN wahl := 9
     ELSE wahl := auswahl
     END
     END
END Funktionalitaet;

BEGIN
     InitIFD;
     Funktionalitaet;
     BeendeIFD
END IFD.
```

2.10. Modul typdefs

2.10.1. Kodierung

```
IMPLEMENTATION MODULE typdefs;

FROM InOut IMPORT Read, Write;
FROM Strings IMPORT String;
```

```
PROCEDURE ReadLongString(VAR s:LongString);
(* Autoren: Dißmann,  Zurwehn 30.1.88 *)
VAR   zeichen: CHAR;
      zaehler: CARDINAL;
BEGIN
      zaehler := 0;
      Read(zeichen);
      WHILE (ORD(zeichen) # 13) AND (ORD(zeichen)# 10) DO
            s[zaehler] := zeichen;
            INC(zaehler);
            Read(zeichen)
      END;
      s[zaehler] := CHR(0)
END ReadLongString;

PROCEDURE WriteLongString(VAR s:LongString);
(* Autoren: Dißmann,  Zurwehn 30.1.88 *)
VAR   zaehler: CARDINAL;
BEGIN
      zaehler := 0;
      WHILE ORD(s[zaehler]) # 0 DO
            Write(s[zaehler]);
            INC(zaehler)
      END
END WriteLongString;

PROCEDURE LoescheString(VAR s: String);
(* Autoren: Dißmann,  Zurwehn 30.1.88 *)
VAR   zaehler: CARDINAL;
BEGIN
      FOR zaehler:= 0 TO 80 DO
            s[zaehler]:= CHR(0)
      END
END LoescheString

END typdefs.
```

Produktintegration Projekt "Interaktive Funktionsdarstellung"

Der Test der Benutzerfunktionen ist sehr aufwendig, da die Übereinstimmung von Produkt und Pflichtenheft kontrolliert werden muß. Die Wiedergabe dieses Testes erfolgt daher hier nur auszugsweise. Auf die Darstellung der besonders aufwendigen Tests der Benutzerfunktionen Eintrag, Austrag, Ausdruck, Ausgabe und Beenden wird daher verzichtet. Bei diesen Tests muß u.a. die von IFD akzeptierte Syntax für Funktionsausdrücke überprüft werden. Stattdessen wird der Produkttest an dieser Stelle exemplarisch durch die Tests der Benutzerfunktionen Hilfe, Liste und Bereich vorgestellt.

1. Produkttestplan

Die Benutzerfunktionen werden in folgender Reihenfolge mit den Vorgaben des Pflichtenheftes verglichen:

Hilfe, Liste, Eintrag, Austrag, Beenden, Ausdruck, Bereich, Ausgabe

2. Test der Benutzerfunktionen

2.1. Funktion Hilfe

2.1.1. Testdatenmengen

1) Name einer der acht Benutzerfunktionen des Produkts IFD
2) Angabe eines nicht bekannten Funktionsnamens

2.1.2. Testdaten

1) Da die Menge der möglichen Benutzerfunktionen klein ist und die erwarteten Ausgaben im Pflichtenheft vollständig beschrieben sind, werden alle acht Funktionsnamen eingegeben.
2) Eingabe von:
   List
   Listen

2.1.3. Sollergebnisse

1) Hinweise entsprechend Pflichtenheft
2) Fehlermeldung entsprechend Pflichtenheft

2.2. Funktion Liste

2.2.1. Testdatenmenge

Die angezeigte Liste ist aufgrund der vordefinierten Funktionen nicht leer, eine Eingabe ist nur bei einer mehr als 17 Funktionen langen Liste zum Weiterblättern erforderlich.
1) Liste mit 4 vordefinierten Funktionen
2) Liste mit benutzerdefinierten Funktionen (Test erst nach Eintrag möglich)
3) Liste mit mehr als 17 Funktionen (Test erst nach Eintrag möglich)

2.2.2. Testdaten

1) -
2) nach Test der Funktion Eintrag
3) nach Test der Funktion Eintrag, Leerzeichen zum Weiterblättern

2.2.3. Sollergebnisse

1) Liste mit exp=..., ln=..., sin=..., cos=...
2) Liste entsprechend der Einträge
3) Liste entsprechend der Einträge, Auflistung wird bei vollem Fenster unterbrochen und nach Leerzeicheneingabe fortgesetzt

...

2.7. Funktion Bereich

2.7.1. Testdatenmengen

1) Zulässige Zahlen für beide Bereichsgrenzen, insbesondere auch die größten und kleinsten nach der Syntaxbeschreibung erlaubten Zahlen, jeweils in den beiden möglichen Reihenfolgen.
2) Zwei gleiche Zahlen für beide Bereichsgrenzen.
3) Nach der Syntax unzulässige Zahlen.

2.7.2. Testdaten

1) Kombinationen aus -9999.9999, 9999.9999, -4555.4555, 4555.4555, -1.1, 1.1, 0.0, wobei jede Zahl mindestens einmal eingegeben wird.
2) Jeweils Paare von einer der unter 1) genannten Zahlen.
3) -99999.9, 99999.9, -9.99999, 9.99999, 2, -10, 0.00000, 23a.01, a23.7, 27.3a, 23$24.0

2.7.3. Sollergebnisse

1) Das eingegebene Intervall wird nach der Größe sortiert in dem entsprechenden Ausgabefeld angezeigt. Dabei können an der vierten Stelle nach dem Punkt Rundungsfehler auftreten. Diese sind zulässig. Der Wert für die X-Skalierung wird als (Obergrenze-Untergrenze)/79 gebildet.
2) Fehlermeldung nach Pflichtenheft.
3) Fehlermeldung nach Pflichtenheft.

Installationshandbuch Projekt "Interaktive Funktionsdarstellung"

1. Gliederung

2. Beschreibung der Dateien
3. Beschreibung der Inbetriebnahme

2. Beschreibung der Dateien

Zum Betrieb des Produkts IFD sind die folgenden vier Dateien notwendig:

IFD.PRG,	Programm, ausführbar, stellt bei Aufruf Produktleistungen zur Verfügung
postfkt,	Daten, schreiben/lesen, Funktionen in interner Darstellung
infkt,	Daten, schreiben/lesen, Funktionen in interner Darstellung
hilfe,	Daten, lesen, Hilfstexte zur Benutzerfunktion Hilfe

3. Beschreibung der Inbetriebnahme

Die Inbetriebnahme von IFD ist einfach. Eine Diskette, auf der die o.a. Dateien gespeichert sind, muß unter dem ATARI TOS-Betriebssystem, Version vom 6.2.86, in das Laufwerk A eines Rechners der ATARI ST-Serie eingeschoben werden.

5. Literatur

In die vorliegende Literaturübersicht wurden nur Bücher aufgenommen. Sie wurden nach ihrer Relevanz für einzelne Schritte der Phasen gegliedert, so daß der Leser sich besser orientieren kann. Zusätzlich wurden Lehrbücher aufgenommen, die den Software-Entwicklungsprozeß in seiner Gesamtheit behandeln. Diese Bücher enthalten zum überwiegenden Teil auch Kapitel, die sich einzelnen Schritten des Vorgehens zuordnen lassen.

Software-Entwicklungsprozeß:

H. Balzert
Die Entwicklung von Software-Systemen
Bibliographisches Institut 1982

A. Marco, J. Buxton
The Craft of Software Engineering
Addison Wesley 1987

S.L. Pfleeger
Software Engineering - The Production of Quality Software
Macmillan 1987

R.S. Pressman
Software Engineering: A Practioner's Approach
McGraw-Hill 1982

M.L. Shooman
Software Engineering: Reliability, Development and Management
McGraw-Hill 1983

H. Sneed
Software-Entwicklungsmethodik
Rudolf Müller 1980

I. Sommerville
Software Engineering
Addison-Wesley 1987

F. Stetter
Softwaretechnologie
Bibliographisches Institut 1983

H. Willmer, H. Balzert
Fallstudie einer industriellen Software-Entwicklung
Bibliographisches Institut 1984

Definition:

Produktmodellierung:

T. DeMarco
Structured Analysis and System Specification
Yourdon Press 1979

V. Weinberg
Structured Analysis
Yourdon Press 1980

Pflichtenheft:

B.W. Boehm, J.R. Brown, M. Lipow, G.J. MacLead, M.J. Merritt
Characteristics of Software Quality
North-Holland 1978

W.O. Galitz
Handbook of Screen Format Design
North-Holland 1985

H. Willmer
Systematische Software-Qualitätssicherung anhand von Qualitäts- und Produktmodellen
Springer 1985

Benutzerhandbuch:

J. Price
How to Write a Computer Manual
Benjamin/Cummings 1984

W. Rupietta
Benutzerdokumentation für Software-Produkte
Bibliographisches Institut 1987

Entwurfsphase:

J. Bishop
Data Abstraction in Programming Languages
Addison Wesley 1986

B. Liskov, J. Guttag
Abstraction and Specification in Program Development
MIT Press 1986

M. Page-Jones
The Practical Guide to Structured Systems Design
Yourdon Press 1985

Implementierung:

M. Dal Cin, J. Lutz, T. Risse
Programmierung in MODULA-2
B.G. Teubner 1984

N. Wirth
Algorithmen und Datenstrukturen mit MODULA-2
B.G. Teubner 1986

N. Wirth
Programmieren in MODULA-2
Springer 1985

Test:

B. Beizer
Software Testing Techniques
Van Nostrand 1983

G.J. Myers
Methodisches Testen von Programmen
Oldenbourg 1982

P. Schmitz, H. Bons, R. van Megen
Software-Qualitätssicherung - Testen im Software-Lebenszyklus
Vieweg 1982

Anhang:

F.P. Brooks
The Mythical Man-Month
Addison Wesley 1975

T. Noth, M. Kretzschmar
Aufwandschätzung von DV-Projekten
Springer 1986

6. Anhang

Anhang A1: Hinweise zur Durchführung von Software-Praktika

Das vorliegende Kapitel faßt Erfahrungen zusammen, welche die Autoren bei der Durchführung von Software-Praktika gesammelt haben. Es hat die Aufgabe, einerseits den Hintergrund darzustellen, der die Inhalte dieses Buches beeinflußt hat, und andererseits Veranstaltern von Lehrveranstaltungen oder Lehrgängen mit ähnlichen Ausbildungszielen Anregungen und Hilfestellungen zu geben. Die Erfahrungen werden in allgemeiner Form präsentiert und Spezifika der Ausbildung am Fachbereich Informatik der Universität Dortmund als Beispiele angeführt und durch "**DO->**" gekennzeichnet.

Das in diesem Buch vorgestellte Vorgehen geht von Vorkenntnissen aus, die für eine erfolgreiche Anwendung eine Mindestvoraussetzung bilden. Dies sind:

- Kenntnisse zumindest einer höheren, imperativen Programmiersprache wie beispielsweise PASCAL, SIMULA, MODULA-2 oder ADA (- diese Sprache sollte zur Implementierung eingesetzt werden -),
- Erfahrungen mit der Erstellung kleinerer Programme in dieser Programmiersprache (- in einer Umgebung, die auch zur Entwicklung nach dem vorgestellten Vorgehen eingesetzt werden soll -),
- Kenntnisse komplexer Datenstrukturen wie beispielsweise Listen, Bäume und Graphen und
- Kenntnisse von Standardalgorithmen zum Umgang mit diesen Datenstrukturen wie Sortier- und Suchverfahren.

DO-> *Das Software-Praktikum wird von Studenten im vierten Semester absolviert. Die oben erwähnten Grundkenntnisse werden in den Vorlesungen (mit Übungen) "Programmierung", "Programmierkurs" und "Datenstrukturen" vermittelt.*

Besitzen die Teilnehmer die genannten Voraussetzungen, so lassen sich eine Reihe von Lernzielen nennen, die mit einer Lehrveranstaltung "Software-Praktikum" erreicht werden können. Die folgenden Lernziele sind bei der Gestaltung der Inhalte dieses Buches berücksichtigt worden:

- Die Teilnehmer sollen die Probleme kennenlernen, die bei der Erstellung von umfangreichen Software-Produkten auftreten. Solche Probleme ergeben sich u.a. aus der großen Anzahl von Anforderungen, der Unübersichtlichkeit dieser Anforderungen oder den Ungenauigkeiten dieser Anforderungen.

- Die Teilnehmer sollen die Vorteile strukturierter Software-Entwicklung erkennen. Eindrücke, die während eines früheren Ausbildungsabschnittes gewonnen werden, wirken sich häufig prägend auf das gesamte Berufsleben aus. Ein positiver Eindruck von der Brauchbarkeit von Verfahren innerhalb eines Entwicklungsvorgehens muß daher zurückbleiben.
- Die Teilnehmer sollen einzelne Prinzipien und Verfahren der Software-Entwicklung kennen und anwenden lernen, um diese während ihrer weiteren Ausbildung oder ihrer beruflichen Tätigkeit einsetzen zu können.
- Die Teilnehmer sollen ein Vorgehen zur Erstellung von Software-Produkten beherrschen, das ihnen bei einer großen Zahl von möglichen Aufgabenstellungen einen Ansatz zum Lösen der mit der Software-Entwicklung verbundenen Probleme bietet.
- Die Teilnehmer sollen lernen, ihre Kenntnisse von Algorithmen und Programmiertechniken in die Lösung eines konkreten Problems einzubringen. Das Erkennen der Eignung bekannter Algorithmen zur Lösung neuer Probleme soll geschult werden.
- Die Teilnehmer sollen die Vorzüge und die Probleme kennenlernen, die mit der Arbeit in einer Gruppe verbunden sind. Sie sollen die Arbeit als Team praktizieren und die speziellen Probleme, die die Software-Entwicklung in einem Team mit sich bringt, begreifen lernen.

Die Gewichtung einzelner Lernziele ist abhängig von dem Ablauf der gesamten Ausbildung und der Stellung des Software-Praktikums in diesem Ablauf. In Abhängigkeit von der Gewichtung kann das vorgestellte Vorgehen Ergänzungen erfordern.

DO-> *Das Schwergewicht liegt auf der Berücksichtigung des zweiten und vierten Lernziels. Die Probleme der Gruppenarbeit stellen kein vorrangiges Lernziel dar. Die Zusammenarbeit erfolgt als Gruppe gleichberechtigter Partner. Spezielle Projektorganisationsformen werden nicht praktiziert. Ihre Vermittlung ist nicht Bestandteil des vorgestellten Vorgehens.*

Bei der Durchführung eines Software-Praktikums ergeben sich für den Veranstalter drei Aufgabenbereiche:

- Organisation,
- Aufgabenstellung und
- Gruppenbetreuung.

Organisation

Die Organisation umfaßt die Teilnehmerauswahl, die technische Vorbereitung und die Zeitplanung. Die Teilnehmerauswahl ist für verschiedene veranstaltende Institutionen sehr unterschiedlich und soll hier nicht behandelt werden. Unter der technischen Vorbereitung wird die Bereitstellung geeigneter Arbeitsräume und der benötigten Hardware und Software sowie der zugehörigen Handbücher verstanden. Die Räumlichkeiten sollten die Möglichkeit zu Gruppenbesprechungen wie zu ungestörter individueller Arbeit bieten. Sofern keine Erfahrungen vorliegen, sollte die Leistungsfähigkeit von Hardware und Software zuvor überprüft werden. Die Zuständigkeiten bei der Wartung der Umgebung während des Praktikums müssen vorher geklärt werden.

Die Zeitplanung umfaßt eine grobe Strukturierung der Gesamtdauer des Praktikums in Abschnitte mit unterschiedlichen Zielsetzungen und die feinere Zeitplanung der Phasen und Schritte des vorgestellten Vorgehens. Als grobe Strukturierung bieten sich die Abschnitte "Einarbeiten", "Lernen" und "Anwenden" an.

Der Abschnitt "Einarbeiten" dient der Einführung in die während des Praktikums benutzten Hilfsmittel (z.B. Editoren und Compiler) und der Auffrischung der vorausgesetzten Kenntnisse (z.B. der Programmiersprache). Hierzu eignen sich besonders kleine praktische Aufgaben, die einzeln bearbeitet und anschließend in der Gruppe besprochen werden. Dieses Vorgehen ermöglicht eine Selbstkontrolle der Teilnehmer.

Der Abschnitt "Lernen" dient dem Vermitteln des in diesem Buch vorgestellten Vorgehens. Da dieses Vorgehen mit seinen Phasen und Schritten am besten anhand einer praktischen Anwendung erlernt wird, sollte die Vermittlung der Inhalte aktiv durch das Lösen einer Entwicklungsaufgabe mit entsprechenden Hilfestellungen angestrebt werden.

Der Abschnitt "Anwenden" entspricht einer vollständigen Software-Entwicklung nach dem vorgestellten Vorgehen, bei dem die im Vermittlungsabschnitt gemachten Erfahrungen bereits umgesetzt und die dort gemachten Fehler vermieden werden sollten.

Aus den Zielen der einzelnen Abschnitte läßt sich die grobe Zeitplanung bereits ableiten. Das "Einarbeiten" sollte zeitlich auf das notwendige Minimum reduziert werden. Ein zu langer Vorlauf mindert auch die Motivation der Teilnehmer. Das "Lernen" sollte an einer kleineren Aufgabenstellung als das "Anwenden" vorgenommen werden, so daß die nach der Einführung verbleibende Zeit zum größeren Teil der "Anwendung" zugeschlagen wird.

DO-> *Für das sechs Wochen dauernde Software-Praktikum in der vorlesungsfreien Zeit zwischen den Semestern hat sich eine Aufteilung in eine Woche "Einarbeiten", zwei Wochen "Lernen" und drei Wochen "Anwenden" bewährt.*

Die Feinplanung für Phasen (und eventuell auch Schritte) sollte auf jeden Fall vom Veranstalter vorgegeben werden, da die Teilnehmer nicht über die notwendigen Erfahrungen verfügen, um den Aufwand für die Teile des Vorgehens abschätzen zu können. Der Aufwand für die Definition hängt i.w. von der Mächtigkeit der Benutzerschnittstelle ab, die auch die Länge des Benutzerhandbuches beeinflußt. Der Aufwand für den Entwurf dagegen variiert nicht so stark und die Dauer für den Entwurf ist als kürzeste der drei Phasen anzusehen. Bei der Implementierung sollte insbesondere der Aufwand für den Test berücksichtigt werden. Eine Prototyp-Implementierung durch den Veranstalter eignet sich kaum zur Abschätzung des Aufwands, da die größere Erfahrung zu einem Arbeitsstil führt, der mit dem der unerfahrenen Teilnehmer nicht vergleichbar ist.

DO-> *Bei dreiwöchigem "Anwenden" mit fünfzehn Arbeitstagen hat sich bei vielen Projekten eine Aufteilung in vier oder fünf Tage Definitionsphase, zwei oder drei Tage Entwurfsphase und sieben bis neun Tage Implementierungsphase bewährt. Die Zeitplanung der einzelnen Schritte bleibt der Gruppe überlassen.*

Aufgabestellung

Neben der Zeitplanung bildet die Wahl der Übungsaufgaben oder -projekte eine Hauptaufgabe des Veranstalters vor Beginn des Praktikums. Der Umfang der Projekte sollte sich nach der Gruppengröße, dem allgemeinen Kenntnisstand der Teilnehmer und der vorgesehenen Dauer des Praktikums richten. Die Aufgaben sollten in Abhängigkeit von der Stellung des Praktikums in der Ausbildung gewählt werden. Für die Ausbildung von Informatik-Studenten schlagen die Autoren Projekte vor, die sich mit der Lösung von Anwendungsproblemen aus anderen Disziplinen beschäftigen. Informatikspezifische Projekte, wie beispielsweise das Erstellen von Petrinetz-Editoren, Simulatoren von Automaten oder auch Compilern, sind zu sehr Selbstzweck und liefern den teilnehmenden Informatikstudenten kaum Motivation. Stellt das Software-Praktikum ein Ausbildungsdetail in einer anderen Disziplin dar, sollten die Aufgabenstellungen aus dieser Disziplin gewählt werden, um den Teilnehmern so die Brauchbarkeit strukturierter Software-Entwicklung auch in ihrem Fachgebiet zu verdeutlichen.

Die Aufgabenstellung sollte in der Form einer vorläufigen Produktbeschreibung der Planungsphase erfolgen, d.h. entsprechend ungeordnet und ungenau. Die Motivation der Teilnehmer ist wesentlich größer, wenn sie in der Definitionsphase "ihr" Produkt festlegen können. Die Gestaltung der Benutzeroberfläche sollte in jedem Fall weitgehend den Teilnehmern überlassen bleiben. Ebenfalls motivationssteigernd wirkt sich die Wahl einer Aufgabenstellung aus, die einen abgeschlossenen Problembereich bearbeitet und zu einem "pseudo-professionellen" Produkt führt, dessen Funktionalität nicht aus Aufwandsgründen bis zur Unbrauchbarkeit abgemagert ist.. Letztlich sollte darauf geachtet werden, daß zum Verständnis der Aufgabenstellung kein Spezialwissen erforderlich ist, das nicht bei allen Teilnehmern vorhanden ist. Sonst besteht die Gefahr, daß Teilnehmer aufgrund des mangelnden Verständnisses nur eingeschränkt mitarbeiten können.

DO-> *Beispiele für Aufgabenstellungen, wie sie Informatikstudenten an der Universität Dortmund bearbeiten, finden sich im Anhang A2.*

Der Veranstalter sollte in der Definitionsphase die Rollen des Auftraggebers und des Benutzers übernehmen und im Dialog mit der Gruppe der Teilnehmer versuchen, Vorschläge der Gruppe zur Gestaltung des Produktes entsprechend zu bewerten. Dieses Vorgehen ermöglicht dem Veranstalter, flexibel auf die Interessen und Fähigkeiten der Gruppe zu reagieren, und simuliert daneben das übliche Vorgehen bei der kommerziellen Software-Erstellung, die auch in enger Zusammenarbeit mit dem Kunden erfolgt.

Gruppenbetreuung

Die Gruppenbetreuung besteht aus der Anleitung zur gemeinsamen, zielgerichteten und vorgehenskonformen Gruppenarbeit und aus der Beurteilung der bei dieser Arbeit erbrachten Leistungen.

Die Anleitung zur Gruppenarbeit muß zu einem gruppengerechten Verhalten der Mitglieder der Gruppe führen. Die folgenden Hinweise beschreiben Verhaltensregeln, die der Veranstalter als Gruppenbetreuer den Teilnehmern nahebringen sollte:

- Alle Gruppenmitglieder und ihre Arbeit werden unvoreingenommen und vorurteilslos behandelt.
- Nur die aktive Beteiligung an Diskussionen ermöglicht das Einbringen eigener Ideen und das Verbessern der Arbeitsergebnisse. Voraussetzung für die aktive Beteiligung ist jedoch eine gründliche Vorbereitung auf die Diskussion.
- Kritik wird immer mit konstruktiven Verbesserungsvorschlägen verbunden.
- Es besteht die Bereitschaft, Aufgaben selbständig und selbstverantwortlich zu bearbeiten und die Ergebnisse in die Gruppenarbeit einzubringen.
- Korrekte Ergebnisse anderer Teilnehmer werden auch dann akzeptiert, wenn sie nicht genau den eigenen Vorstellungen entsprechen.

Neben dem Verhalten der einzelnen Teilnehmer muß der Veranstalter bei der Gruppenbetreuung das Verhalten der gesamten Gruppe in der Diskussion und in der gemeinschaftlichen Arbeit schulen. Gemeinschaftliche Arbeit bedeutet dabei nicht, daß alle Dokumente und Programme gemeinsam erstellt werden, sondern vielmehr, daß Sachverhalte, Unklarheiten und Probleme in der Gruppendiskussion geklärt und anschließend zur Bearbeitung in Teilaufgaben einzelnen Mitgliedern der Gruppe übertragen werden. Die Integration dieser Arbeiten erfolgt nach der Begutachtung der Ergebnisse durch die Gruppe.

Die Betreuung durch den Veranstalter sollte in dem Maße abnehmen, in dem sich das Gruppenverhalten und die Kenntnisse der Mitglieder verbessern. Das Ziel sollte die selbständig arbeitende Gruppe sein. Der Veranstalter sollte sich daher mit zunehmender Praktikumsdauer mehr und mehr aus den Diskussionen zurückziehen, bei Fragen auf andere Mitglieder verweisen und auch die Moderation von Diskussionen den Teilnehmern überlassen. Zum Ende des Praktikums beschränkt sich die Rolle des Betreuers auf die Beobachtung und das Überwachen des korrekten Vorgehens durch Einhalten der vorgegebenen Phasenabläufe.

Der Veranstalter sollte Diskussionen der Gruppe möglichst nicht unterbrechen und in der Gruppe gefundene und akzeptierte Problemlösungen nicht durch seine Autorität in die ihm genehme Form drängen, sofern nicht die Gefahr eines völligen Mißerfolgs besteht. Statt dessen sollten auch schlechte Lösungen in Kauf genommen werden und die Verbesserungen im Anschluß an die Abwicklung einer Phase oder der Beendigung eines Projektes zwischen Veranstalter und Gruppe diskutiert werden. Die Demotivation der Teilnehmer ist bei stark dirigistischem Eingreifen des Veranstalters sehr groß. Der Verselbständigungprozeß wird dadurch blockiert.

Die Beurteilung der Arbeit einzelner Teilnehmer innerhalb der Gruppenarbeit ist sehr problematisch, aber auch die Bewertung der Leistung der ganzen Gruppe ist schwierig. Vor der Beurteilung sollte in jedem Fall festgelegt werden, welche Kriterien bei der Beurteilung beachtet werden. Mögliche Kriterien sind das Verhalten bei der Gruppenarbeit, die Qualität der erstellten Dokumente und die Qualität der erstellten Programmtexte und Programme. Es sollte festgelegt werden, inwieweit die Quantität von erstellten Dokumenten oder Programmen ein weiteres Kriterium ist. Die Ausführbarkeit von Programmen sollte niemals das alleinige Kriterium sein, da es die Wichtigkeit der Implementierungsphase überbetont. Die Teilnehmer können dann nicht mehr zu einem strukturierten Vorgehen mit mehreren Phasen motiviert werden, sondern streben unverzüglich die Programmierung an.

DO-> *Der für das Software-Praktikum vergebene Schein ist unbenotet, so daß von den Veranstaltern nur die Entscheidung getroffen werden muß, ob ein Teilnehmer Mindestleistungen erbracht hat. Diese Entscheidung wird aufgrund* *der abgegebenen Dokumente getroffen. Die Mitarbeit in den Gruppen, die Kenntnisse des Gesamtproduktes und die Lauffähigkeit von Programmen werden nur dann als Kriterien herangezogen, wenn die dokumentierten Leistungen nicht ausreichend sind.*

Neben der Beurteilung nach den angeführten Kriterien sind noch folgende zusätzliche Vorgehensweisen zur Beurteilung der Teilnehmer möglich:

- Präsentation,
- Einzelgespräch,
- Gruppengespräch und
- schriftlicher Test.

Diese Vorgehensweisen erfordern erheblichen Mehraufwand. Bei ihrer Anwendung sollte darauf geachtet werden, daß ausschließlich praktikumsrelevante Themen Gegenstand der Beurteilung sein sollten.

Die Präsentation ist die Vorstellung der Leistungen eines einzelnen Teilnehmers oder einer Gruppe in Form eines Vortrags oder der Vorführung der erstellten Software. Die Form wird vom Teilnehmer bzw. von der Gruppe bestimmt.

DO-> *Am Ende eines Projektes wird die erstellte Software von den Teilnehmern dem Veranstalter präsentiert, um ihre Lauffähigkeit und die Übereinstimmung mit dem Pflichtenheft zu demonstrieren.*

In Gesprächen mit Teilnehmern werden die Gesprächsinhalte nicht wie bei der Präsentation durch die Teilnehmer, sondern vom Veranstalter bestimmt. Dieses Vorgehen wird bei der Vorlage mängelbehafteter Dokumente angewandt mit dem Ziel, die Ursachen für die schlechte Arbeit aufzudecken.

Der schriftliche Test eignet sich besonders zur Kontrolle der Kenntnisse einer großen Anzahl von Teilnehmern, beispielsweise der Überprüfung des Vorhandenseins der Mindestvoraussetzungen bei Praktikumsbeginn. Tests in anonymisierter Form nach dem Abschnitt "Lernen" eignen sich zur informativen Feststellung der Lernerfolge und der Lernzielerreichung.

A2: Übungsprojekte

Die in diesem Kapitel vorgestellten Übungsprojekte dienten in Software-Praktika am Fachbereich Informatik der Universität Dortmund als Aufgabenstellungen in der Form von vorläufigen Produktbeschreibungen. Zehn Studenten realisierten die beschriebenen Produkte mit Hilfe des vorgestellten Verfahrens jeweils in zwei bis drei Wochen. Die zur Verfügung stehende Entwicklungsumgebung bestand aus PCS CADMUS 9200-Systemen mit UNIX-Betriebssystem, 1-2 alphanumerischen Terminals pro Gruppe und der Oregon-PASCAL-Programmentwicklungsumgebung.

Bevor die Projekte vorgestellt werden, soll ihre Einordnung in eine Klassifizierung einen ersten Überblick geben und auf die Unterschiede hinweisen. Die Klassifizierung gibt auch Kriterien an, die zur Abschätzung des Aufwands der Lösung von Aufgabenstellungen herangezogen werden können. Der Klassifizierung der Übungsprojekte dienen folgende Kriterien:

- Komplexität der Datenstrukturen

  Die Komplexität der Datenstrukturen wird dann als groß eingestuft, wenn sie entweder nicht direkt aus der Problemstellung ableitbar ist oder dynamisch in Form von Bäumen oder Graphen ist. Der Aufbau solcher Datenstrukturen und auch die Operationen zu deren Manipulation ist zwar Voraussetzung für die Teilnahme am Software-Praktikum, die Anwendung ist den Teilnehmern in den meisten Fällen jedoch nicht vertraut.

- Umfang der Daten

  Mit Umfang der Daten wird nicht nur eine Dateigröße beurteilt, sondern die Anzahl der heterogenen, von dem Produkt zur Verarbeitung benötigten Daten.

- Komplexität der Algorithmen

  Die Komplexität der Algorithmen ist als Kriterium nicht im engen Sinne der Komplexitätstheorie verwandt, sondern ist i.w. als Maß für den Aufwand anzusehen, den die Teilnehmer zur Entwicklung einer Lösung benötigen. Ähnlich wie bei den Datenstrukturen wird die Kenntnis von Verfahren wie Rekursion und Backtracking zwar bei den Teilnehmern vorausgesetzt, können aber nicht als vertraute Hilfsmittel angesehen werden.

- Laufzeit der Algorithmen

  Die benötigte Laufzeit der Algorithmen ist wie die Komplexität nicht im engen Sinne einer konkreten Abschätzung zu verstehen. Eine lange Laufzeit wirkt sich besonders in der Testphase aus und muß dort durch entsprechende Zeitplanung berücksichtigt werden.

- Komplexität der Funktionalität

  Mit der Komplexität der Funktionalität soll die anwendungsspezifische Problematik bewertet werden. Stellt das Produkt die Automatisierung eines allen Teilnehmern bekannten Vorgangs dar, so kann die Aufgabenstellung weniger präzise gestaltet werden, damit den Teilnehmern während der Definitionsphase selbst ein gewisser Freiraum zur Gestaltung des Produktes bleibt. Sind zur Erstellung des Produktes aber Kenntnisse aus dem Anwendungsgebiet notwendig, so müssen die Teilnehmer zusätzlich geschult werden.

- Umfang der Benutzerschnittstelle

  Der Umfang der Benutzerschnittstelle bezeichnet die Art und den Umfang der vom Produkt einzulesenden bzw. auszugebenden Daten. Sie wird als gering eingestuft, falls ein einfacher zeilenorientierter Dialog mit dem Benutzer abläuft, als mittel, falls einfache Masken zur Eingabe und Listen zur Ausgabe verwandt werden, und als groß, falls Ein- und Ausgabe an bestimmten Stellen einer Maske auf dem Bildschirm zur Dialogführung notwendig sind.

Dem Überblick über die vorgestellten Projekte und deren Einstufung dient eine Graphik. Mit '+' wird eine große Ausprägung des Kriteriums bezeichnet, mit 'o' eine mittlere und mit '-' eine geringe. Die Ausprägungen wurden aus den Erfahrungswerten der Bearbeitung der Projekte im Rahmen der Lehrveranstaltung "Software-Praktikum" an der Universität Dortmund abgeleitet.

	Komplexität der Datenstrukturen	Umfang der Datenstrukturen	Komplexität der Algorithmen	Laufzeit der Algorithmen	Komplexität der Funktionalität	Umfang der Benutzerschnittstelle
Speditionsoptimierung	+	+	o	o	-	-
Tabellenkalkulation	-	o	o	-	o	+
Intercity-Information	+	+	+	+	+	o
Fahrzeugleitung	+	o	+	o	o	o
Flugplatzvergabe	-	+	-	-	+	o
Kurierdienstoptimierung	+	o	+	+	o	-
Hochregallagerverwaltung	o	o	+	o	+	-
Vokabeltraining	o	o	-	-	-	o
Palettenpackoptimierung	o	-	+	o	o	o
Institutsinformation	o	-	-	-	o	+

Im folgenden werden die vorläufigen Produktbeschreibungen der Übungsprojekte vorgestellt. Jede Darstellung ist um Kommentare erweitert, die nicht zur Aufgabenstellung gehören, die Klassifizierung begründen und auf besondere Probleme des Projektes aufmerksam machen.

Projekt "Speditionsoptimierung"

Aufgabe ist die Erstellung eines Software-Systems zur Unterstützung einer Spedition bei der Optimierung ihrer Fahraufträge. Zur Senkung der Komplexität werden einige Einschränkungen vorgenommen.

Das System verwaltet Speditionsaufträge. Die Erfassung der Aufträge wird von einer nicht mit Datenverarbeitungsanlagen vertrauten Person durchgeführt. Jeder Auftrag besteht aus einer Liste von maximal 10 in beliebiger Reihenfolge anzufahrenden Orten. Die Orte müssen Bestandteil des verwalteten Autobahnnetzes sein. Die Lastkraftwagen haben eine beliebig große Ladekapazität. Zu jedem Auftrag ermittelt das System die entfernungsmäßig kürzeste Fahrtroute und erstellt für den Fahrer einen detaillierten Fahrauftrag. Die Fahraufträge werden solange gespeichert, bis der Auftrag quittiert wird, also eine Tour abgeschlossen wurde. Die Speicherung hat zwei Gründe. Erstens ist das System im Falle einer Einschränkung des Autobahnnetzes, beispielsweise durch einen vom Fahrer gemeldeten vereisten Autobahnabschnitt, in der Lage, eine alternative Fortsetzung der Fahrtroute zu ermitteln, die dem Fahrer dann fernmündlich mitgeteilt wird. Zweitens ermittelt das System eine neue Fahrtroute, falls vom Fahrer noch zusätzlich Fracht in einem der angefahrenen Orte seines Auftrags aufgenommen wird. Diese neue Fahrtroute kann dem Fahrer dann ebenfalls fernmündlich übermittelt werden. Neben den oben beschriebenen auftragsbezogenen Einschränkungen des Autobahnnetzes besteht die Möglichkeit , das Netz einzuschränken und zu erweitern. Dies gilt sowohl für das Entfernen und Hinzufügen von Autobahnabschnitten als auch von Orten auf bekannten Autobahnabschnitten.

Folgendes initiales Autobahnnetz ist gegeben (Entfernung zwischen Orten in Kilometern):

A1: Hamburg - 16 - Maschen - 85 - Bremen - 129 - Osnabrück - 50 - Münster - 37 - Kamen - 9 - Unna - 14 - Westhofen - 64 - Leverkusen - 5 - Köln

A2: Duisburg - 27 - Recklinghausen - 14 - Dortmund-NW - 22 - Kamen - 83 - Bielefeld - 92 - Hannover - 5 - Hannover-Ost - 44 - Braunschweig - 170 - Beelitz - 39 - Berlin

A3: Duisburg - 38 - Düsseldorf - 20 - Leverkusen - 188 - Frankfurt - 33 - Zellhausen - 79 - Würzburg - 15 - Biebelried - 104 - Nürnberg - 91 - Regensburg

A5: Gießen - 62 - Frankfurt - 23 - Darmstadt - 45 - Heidelberg - 16 - Walldorf - 38 - Karlsruhe - 126 - Freiburg - 56 - Lörrach

A6: Mannheim - 29 - Walldorf - 57 - Heilbronn - 144 - Nürnberg

A7: Maschen - 127 - Hannover-Ost - 113 - Göttingen - 50 - Kassel - 106 - Fulda - 99 - Biebelried

A8: Karlsruhe - 14 - Pforzheim - 49 - Stuttgart - 72 - Ulm - 75 - Augsburg - 50 - München

A9: Beelitz - 242 - Hof - 63 - Bayreuth - 81 - Nürnberg - 74 - Ingolstadt - 76 - München

A44: Dortmund-W - 18 - Unna - 148 - Kassel

A45: Dortmund-NW - 11 - Dortmund-W - 14 - Westhofen - 87 - Siegen - 73 - Gießen - 65 - Zellhausen

Standort der fiktiven Spedition ist Hannover.

Beispiel:
Folgende Orte sollen angefahren werden: Fulda, Köln, Münster

Fahrtroute:

A2 Hannover Richtung Berlin bis Hannover-Ost	5 km
A7 Hannover-Ost Richtung Biebelried bis Fulda	269 km
A7 Fulda Richtung Maschen bis Kassel	106 km
A44 Kassel Richtung Dortmund-W bis Unna	148 km
A1 Unna Richtung Köln bis Köln	83 km
A1 Köln Richtung Hamburg bis Münster	129 km
A1 Münster Richtung Köln bis Kamen	37 km
A2 Kamen Richtung Berlin bis Hannover	175 km
	952 km

Kommentar:

Die Komplexität der Aufgabe wird bestimmt durch die technische Realisierung des Autobahnnetzes und den Algorithmus zur Bestimmung der kürzesten Fahrtroute. Das Autobahnnetz muß in Form einer dynamischen Datenstruktur gespeichert werden. Der zu entwickelnde Algorithmus basiert auf der Methode des Backtracking. Das initiale Autobahnnetz sollte allen Teilnehmern in einer normierten Datei bereitgestellt werden, um mehrmaliges Eingeben und die damit verbundenen Fehler zu vermeiden. Die Funktionalität des Systems dürfte jedem sofort verständlich sein, so daß keine große Einarbeitung in die Problemstellung notwendig ist. Ein- und Ausgaben können in einem einfachen zeilenorientierten Benutzerdialog vorgenommen werden.

Varianten:

Es werden unter bestimmten Randbedingungen, beispielsweise eine maximale Fahrtroutenlänge von 500 Kilometern um die tägliche Rückkehr der Fahrer zu ermöglichen, Teilstrecken von verschiedenen Aufträgen zusammengefaßt.

Zusätzlich wird vom System noch die Fracht mitverwaltet. Es gibt Lastkraftwagen mit verschiedenen Kapazitäten. Die Optimierung kann dann nicht mehr allein aufgrund der Entfernung vorgenommen werden, sondern muß auch den Laderaum der Lastkraftwagen berücksichtigen.

Projekt "Tabellenkalkulation"

Aufgabe ist die Erstellung eines Software-Systems zur Bearbeitung von numerischen Tabellen.

Eine Tabelle hat folgendes Aussehen:

	Spaltenname Spaltenausdruck	
1		
2		
⋮	⋮	⋮
S		
⋮	⋮	⋮
n		

Eine Tabelle ist eine Matrix mit einem Namen. Der Name wird vom Benutzer vergeben und dient in dem System als Identifikation, unter dem eine bearbeitete Tabelle gespeichert und zu einem späteren Zeitpunkt wieder geladen werden kann. Zu jeder Spalte gibt es eine Spaltenbeschreibung, die aus einem Spaltennamen und einem Spaltenausdruck besteht. Der Ausdruck beschreibt die Abhängigkeit der Tabellenwerte in der Spalte von den Tabellenwerten in anderen, über den Spaltennamen referierten Spalten. Ist der Ausdruck leer, so sind die Tabellenwerte unabhängig. Ausdrücke können aus maximal achtstelligen, ganzen Zahlen, den Operatoren "+", "-", "*" und "/" mit den üblichen Bedeutungen und Klammern gebildet werden und sind maximal 80 Zeichen lang. Zeilen werden in Tabellen- und in Summenzeilen unterschieden. Tabellenzeilen enthalten Tabellenwerte und werden von oben nach unten numeriert. Summenzeilen sind zwischen den Tabellenzeilen eingefügte, in der Numerierung nicht berücksichtigte Zeilen, die als Tabellenwerte in unabhängigen Spalten die Summe der Tabellenwerte oberhalb der Zeile besitzen und in abhängigen Spalten den Wert, der sich aus der Auswertung des Spaltenausdrucks ergibt. Die maximale Spaltenzahl ist 99, die maximale Zeilenzahl 9999.

Der Bildschirm stellt ein Fenster dar, das über die Tabelle geschoben wird. Durch ausgezeichnete Tasten ist das Verschieben des Fensters um eine Spalte nach rechts und links und um eine Zeile nach oben und unten möglich. Das Layout des Bildschirms erfüllt folgende Bedingungen: Während der Bearbeitung der Tabelle ist deren Name ständig sichtbar. Die Namen und Ausdrücke der im Fenster sichtbaren Spalten werden angezeigt. Die Tabellenzeilen sind numeriert, Summenzeilen durch ein besonderes Zeichen markiert.

Tabellenwerte werden durch Positionierung des Cursors in die entsprechende Zeilen-/Spaltenposition und Eintippen des Wertes eingegeben bzw. verändert. Nach Eingabe eines Wertes wird die Tabelle aktualisiert. Zeilen und Spalten können an beliebigen Stellen durch Betätigen ausgezeichneter Tasten in die Tabelle eingefügt werden. Die Position in der Tabelle wird durch die Position des Cursors definiert. Die Tabellenwerte werden mit "0" initialisiert. Das Entfernen von Zeilen und Spalten erfolgt durch Betätigen bestimmter Tasten. Die Identifikation erfolgt über die Position des Cursors.

Durch Angabe von Zeilennummern und Spaltennamen ist die partielle Ausgabe einer Tabelle auf einem Drucker möglich. Ist der gewählte Ausschnitt größer als eine Druckseite, so wird eine Aufteilung der Tabelle derart gewählt, daß ein späteres Zusammenfügen problemlos ist.

Kommentar:

Das zentrale Problem der Aufgabe stellt die Organisation der Benutzerschnittstelle dar. Dazu ist die Positionierung des Cursors auf dem Bildschirm über Steuerzeichen aus dem Programm heraus notwendig. Die Funktionalität eines derartigen Programms ist nicht für jeden Teilnehmer gleich einsichtig und sollte daher an einem größeren Beispiel verdeutlicht werden. Die Organisation der zu speichernden Daten ist durch die natürliche Ordnung einer Tabelle gegeben. Algorithmisch stellt das Produkt keine großen Ansprüche an die Teilnehmer. Lediglich die Analyse der Ausdrücke und deren Auswertung sind Anforderungen in diese Richtung.

Variante:

Zusätzlich können statt der einfachen Summenbildung auch Ausdrücke für Zeilen zugelassen werden.

Projekt "Intercity-Information"

Das Intercity-Netz der Deutschen Bundesbahn verbindet alle größeren Städte der Bundesrepublik Deutschland durch vier Hauptlinien. Ein Wechsel von einer Linie zu einer anderen ist in den Städten Hannover, Dortmund, Köln,

Mannheim und Würzburg, durch jeweils aufeinander wartende Züge, möglich. Um gegebenenfalls das Umsteigen zu ersparen, gehen einige Züge auch von einer Linie auf eine andere über. Die Identifikation der Züge findet über eine Zugnummer und einen Namen statt. Um das mühsame Suchen nach einer günstigen Verbindung in einem Fahrplan einzusparen, stellt ein System die Informationen über den Intercity-Fahrplan bereit.

Das System ermittelt die günstigste Verbindung zwischen zwei Städten unter den von einem Kunden gesetzten Randbedingungen. Zunächst kann der Kunde die Priorität auf minimale Reisezeit oder minimale Umsteigehäufigkeit setzen. Desweiteren hat er die Wahl, eine bestimmte Ankunftszeit am Zielort oder eine bestimmte Startzeit am Ausgangsort anzugeben. Gewisse Toleranzen sind durch das System voreingestellt. Da nicht alle Züge an jedem Tag der Woche und jedem Tag des Jahres fahren, sind das Datum oder der Wochentag weitere notwendige Eingaben. Aufgrund dieser Angaben ermittelt das System eine Verbindung in Form eines Reiseplans, der alle Stationen mit Ankunfts- und Abfahrtszeiten, die besonders kenntlich gemachten Umsteigestationen sowie die Zugnummern und -namen enthält und zunächst auf dem Bildschirm angezeigt wird. Auf Wunsch kann der Plan auch auf einem Drucker ausgegeben werden. Da der Fahrplan der Bundesbahn zweimal im Jahr geändert wird, sind Änderungen und Erweiterungen des Fahrplans in einfacher Weise möglich. Für jede im Fahrplan enthaltene Station kann ein Fahrplan ausgedruckt werden. Die Gestaltung der Benutzerschnittstelle ist robust und sicher, so daß ungeübte Benutzer keine Schwierigkeiten bei der Benutzung des Systems haben.

Kommentar:

Die auf den ersten Blick einfach erscheinende Aufgabenstellung ist sehr komplex. Neben der schon beim Speditions-Optimierungs-System geschilderten Problematik kommt hier noch eine um ein vielfaches größere Datenmenge dazu und mehrere konkurrierende Optimierungsziele. Bei wenig effizienten Algorithmen kann die Laufzeit schnell ins Unakzeptable steigen. Der gesamte Fahrplan ist in Form einer Datei bereitzustellen. Die Benutzerschnittstelle ist sehr umfangreich und erfordert durch den Anwendungsbereich einen großen Komfort.

Varianten:

Die Möglichkeit der Eingabe von Kundenwünschen können eingeschränkt und der Fahrplan kann beispielsweise durch das Weglassen von Stationen vereinfacht werden.

Projekt "Fahrzeugleitung"

Aufgabe ist die Erstellung eines Software-Systems zur Unterstützung eines Autofahrers in einer fremden Stadt. Anhand von Fahranweisungen, die ihm ein auf das Armaturenbrett montiertes Gerät liefert, wird der Autofahrer auf dem kürzesten Weg von einem Startpunkt A zu einem Zielpunkt B geleitet.

Das System ist für beliebige Städte einsetzbar. Der aktuelle Stadtplan kann aus einer Datei gelesen werden. In dieser Datei sind alle Straßen enthalten. Jede Straße besitzt einen Namen und ist zwischen Einmündungen in durch Nummern identifizierte Abschnitte eingeteilt. Der Stadtplan ist änderbar.

Der Benutzer gibt seinen Startort durch die Eingabe des Straßennamens und der Abschnittsnummer ein. Die Fahrtrichtung des Fahrzeugs wird durch die Eingabe der Nummer des in Fahrtrichtung folgenden Abschnitts dem System bekannt gemacht. Steht das Fahrzeug in einem Abschnitt, der der erste oder der letzte Abschnitt einer Straße ist, wird die Fahrtrichtung durch die Angabe eines “virtuellen” Abschnitts beschrieben, d.h. entweder durch Angabe der um eins erhöhten oder verringerten Abschnittsnummer. Die Eingabe des Zielortes besteht aus dem Straßennamen und der Nummer des Abschnitts.

Die Fahranweisungen werden in graphischer Form durch Pfeile dem Autofahrer jeweils vor Verlassen eines Abschnitts erteilt. Das Verlassen wird durch das Drücken einer Taste dem System mitgeteilt. Ein Pfeil nach unten bedeutet die Umkehrung der Fahrtrichtung, ein Pfeil nach rechts oder links das Abbiegen an der nächsten Einmündung nach rechts oder links und ein Pfeil nach oben bedeutet an der nächsten Einmündung die Fahrtrichtung beizubehalten. Folgender initialer Stadtplan ist gegeben:

Notation:
1. Name der Straße
2. Nummer des Abschnitts

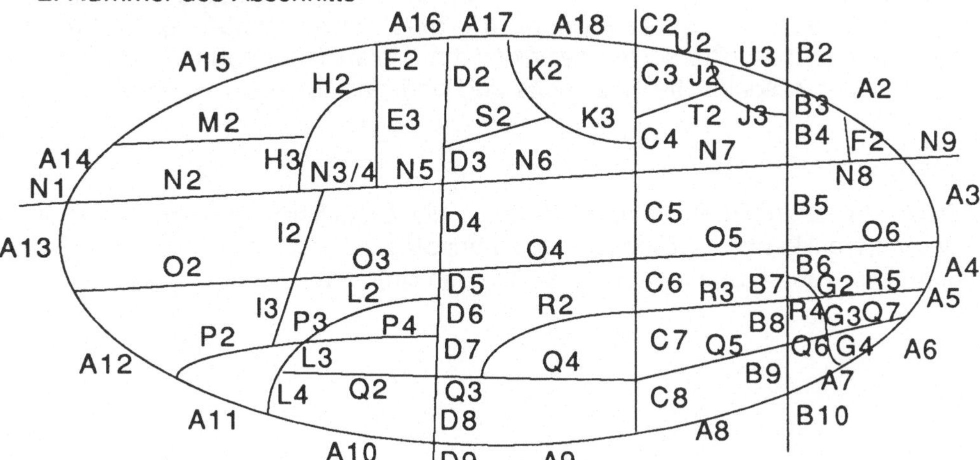

Angabe der Länge eines Abschnitts in Meter:

A1 - 200	A2 - 200	A3 - 100	A4 - 100	A5 - 100	A6 - 250
A7 - 250	A8 - 200	A9 - 200	A10- 300	A11- 200	A12- 150
A13- 100	A14- 150	A15- 700	A16- 150	A17- 100	A18- 100
B1 - 200	B2 - 100	B3 - 200	B4 - 100	B5 - 100	B6 - 150
B7 - 150	B8 - 350	B9 - 200	C1 - 150	C2 - 250	C3 - 150
C4 - 100	C5 - 100	C6 - 250	C7 - 250	C8 - 400	D1 - 300
D2 - 100	D3 - 100	D4 - 100	D5 - 150	D6 - 150	D7 - 300
D8 - 200	E1 - 100	E2 - 200	F1 - 150	G1 - 150	G2 - 100
G3 - 250	H1 - 250	H2 - 100	I1 - 100	I2 - 150	J1 - 100
J2 - 200	K1 - 350	K2 - 150	L1 - 200	L2 - 200	L3 - 100
M1 - 400	N1 - 100	N2 - 450	N3 - 50	N4 - 150	N5 - 200
N6 - 200	N7 - 150	N8 - 250	N9 - 150	N10- 100	O1 - 350
O2 - 400	O3 - 200	O4 - 150	05 - 400	P1 - 250	P2 - 200
P3 - 200	Q1 - 350	Q2 - 50	Q3 - 250	Q4 - 100	Q5 - 150
Q6 - 300	R1 - 350	R2 - 100	R3 - 150	R4 - 300	S1 - 100
T1 - 250	U1 - 150	U2 - 200			

Beispiel:

Startort: Straße D Abschnitt 2 Fahrtrichtung 1
Zielort: Straße C Abschnitt 7
Fahranweisungen: ↓ ↑ ↑ ← → ↑

Kommentar:

Die Aufgabe ist sehr anschaulich und dadurch leicht verständlich. Die Benutzerschnittstelle kann durch Blockgraphiken ("große Pfeile") optisch ansprechend gestaltet werden. Kernproblem der Aufgabe ist die Entwicklung einer geeigneten Datenstruktur, die zu den Entfernungen auch die Möglichkeit der Richtungsorientierung ermöglicht. Der Algorithmus zur Optimierung des Weges bedient sich der Methode des Backtracking. Dadurch kann die Laufzeit bei umfangreichen Stadtplänen entsprechend groß sein. Die Längen der Abschnitte im initialen Stadtplan können in einer Datei vorgegeben werden, um den Eingabeaufwand zu verkleinern. Die graphische Darstellung der Verbindungen der Abschnitte sollte aber nicht vom Veranstalter normiert werden, da ein Teil der Aufgabe die Abspeicherung und das Einlesen von Stadtplänen darstellt.

Varianten:

Städte besitzen i.d.R. Einbahnstraßen, die berücksichtigt werden können. Desweiteren kann die Einbeziehung temporärer Einschränkungen des Straßennetzes durch Staus oder Baustellen den Umfang der Aufgabe erweitern.

Projekt "Flugplatzvergabe"

Aufgabe ist die Erstellung eines Software-Systems zur Unterstützung eines Reisebüros bei der Abwicklung von Flugvermittlungen. Das System wird für den Bereich der Fernreisen von Deutschland aus eingesetzt. Daher sind als Startorte für den Flug nur die Flughäfen Hamburg, Frankfurt und München sowie Köln und Düsseldorf vorgesehen. Aufgrund der geringen Entfernung sind die beiden letztgenannten Flughäfen als jeweils akzeptable Alternativen zu betrachten. Bedient wird das System von Reiseverkehrskaufleuten, die keine DV-Kenntnisse besitzten und entsprechender Unterstützung bedürfen.

Ziel des Systems ist es, einem Flugkunden einen seinen Vorstellungen entsprechenden Platz in einem Flugzeug zu vermitteln. Die Vorstellungen des Kunden werden widergespiegelt durch die Angaben von Startort, Zielort, Abflugtag sowie den optionalen Angaben von Flugzeit, Fluglinie, Flugzeugtyp und Passagierklasse. Ist ein den Vorstellungen entsprechender Platz gefunden, so kann, falls gewünscht und möglich, eine Buchung vorgenommen werden. Ist der gewünschte Platz nicht frei, so besteht die Möglichkeit, den Kunden in eine Warteliste einzutragen, wobei der Kunde vorher über seine Position in der Liste informiert werden kann. Buchungen werden bis maximal einen Monat im voraus angenommen.

Der Kunde kann jederzeit von einem gebuchten Flug zurücktreten oder sich aus einer Warteliste streichen lassen. Tritt ein Kunde zurück, so wird eine Buchung für den ersten Kunden aus der entsprechenden Warteliste vorgenommen, sofern diese existiert. Für jede Buchung wird eine Buchungsbestätigung erstellt, die Angaben über den Kunden und den Flug enthält.

Der Flugplan besteht aus wöchentlichen oder täglichen Linienflügen. Es besteht die Möglichkeit, Flüge zu ergänzen oder zu streichen. Um den Kunden eine Übersicht über die wöchentlichen Flüge eines der o.g. Startflughäfen zu bieten, besteht die Möglichkeit, einen Wochenflugplan für jeden der Flughäfen zu drucken.

Die Geschäftszeit des Reisebüros liegt zwischen 8.30 und 18.30 Uhr. Das System wird aus Sicherheitsgründen über Nacht abgeschaltet.

Kundendaten zu Flügen, die bereits stattgefunden haben, werden automatisch aus dem System entfernt.

Kommentar:

Die Aufgabe stellt ein verwaltungstechnisches Problem dar. Aus einer Vielzahl von Einzelinformationen über die verschiedenen Flüge muß der zu den Kundenwünschen passende Flug ausgewählt werden. Zusätzlich müssen die Kundendaten verwaltet werden. Die dazu benötigten Datenstrukturen sind einfache Listen. Die Benutzerschnittstelle muß, der Anwendungsumgebung angepaßt, komfortabel durch Masken und unterstützt durch Hilfefunktionen gestaltet werden, so daß der Aufwand für die Erstellung beachtet werden muß. Außerdem ist die Funktionalität, insbesondere durch die optionalen Angaben, für “Nichtflieger” nicht ohne Vorbereitung verständlich.

Varianten:

Die Aufgabe kann dahingehend erweitert werden, daß Hin- und Rückflüge verwaltet werden oder auch Anschlußflüge von Zielflughäfen Berücksichtigung finden. Die von Start- und Zielort unabhängigen Wünsche des Kunden, wie beispielsweise die Fluglinie, sollten dabei weiter beachtet werden.

Projekt "Kurierdienstoptimierung"

Aufgabe ist die Erstellung eines Software-Systems zur Unterstützung eines Kurierdienstes. In großen Städten existieren spezielle Kurierdienste, die ausschließlich die Beförderung von Dokumenten übernehmen. Diese Kurierdienste beschränken ihren Aktionsradius auf das Stadtgebiet und können daher schnell und zuverlässig arbeiten. Bedingt durch die üblichen Arbeitszeiten der Kunden ergeben sich zwei Perioden, zu denen der Kurierdienst in Anspruch genommen wird, der frühe Vormittag (8^{00}-10^{30}Uhr) und der frühe Nachmittag (13^{00}-15^{00}Uhr). Die Beförderungsaufträge sind für die Kunden vorhersehbar und werden daher spätestens in der Periode vor der Periode der Auftragsabwicklung angemeldet. Aufträge werden frühestens am Tag vor der Auftragsabwicklung gestellt. Sie bestehen aus der Angabe der Abwicklungsperiode sowie von Start- und Zielort in Form der entsprechenden Kundennamen. Die Abwicklung eines Auftrags erfolgt vollständig in der angegebenen Periode. Die Fahrzeuge beginnen die Abwicklung der ihnen zugeteilten Aufträge am Startort des ersten Auftrags. Alle Aufträge werden angenommen. Sind alle Fahrzeuge aus dem Fuhrpark des Kurierdienstes ausgelastet, wird die Überlast mit Mietwagen und Taxis bewältigt. Die Kapazität der eingesetzten Fahrzeuge wird aufgrund der zu transportierenden Güter als unbeschränkt angesehen.

Das zur Verfügung stehende System minimiert die Anzahl der in jeder Periode einzusetzenden Fahrzeuge. Dazu wird von dem System ein Kundennetz verwandt, das eine Vereinfachung des Straßennetzes darstellt. Das Kundennetz besteht aus den Namen der Kunden und den Zeiten (in Minuten) für eine Fahrt von einem Kunden zu einem anderen ohne Vorbeifahrt bei einem dritten. Diese Angaben werden aufgrund der Erfahrungen der Kuriere bestimmt. Die angegebenen Zeiten umfassen den Zeitraum von der Abfahrt beim Startkunden über das Verlassen des Fahrzeugs beim Zielkunden und das Aushändigen des Kuriergutes bis zur Rückkehr ins Fahrzeug. Das Kundennetz kann um Kunden erweitert oder eingeschränkt werden. Die Zeiten sind änderbar. Um einen Überblick über das aktuelle Kundennetz zu haben, bietet das System die Möglichkeit, das Kundennetz in nicht graphischer Form auf dem Bildschirm anzusehen oder sich auf dem Drucker ausgeben zu lassen.

Jeweils nach Abschluß einer Periode bestimmt das System die Fahrtrouten für die folgende Periode. Jeder Fahrer erhält eine detaillierte Aufstellung der anzufahrenden Kunden mit einer Hol- oder Lieferanweisung.

Zusätzlich wird eine wochentagsbezogene Statistik geführt, die die Anzahl der benötigten Fahrzeuge je Periode festhält.

Folgendes initiales Kundennetz ist gegeben:

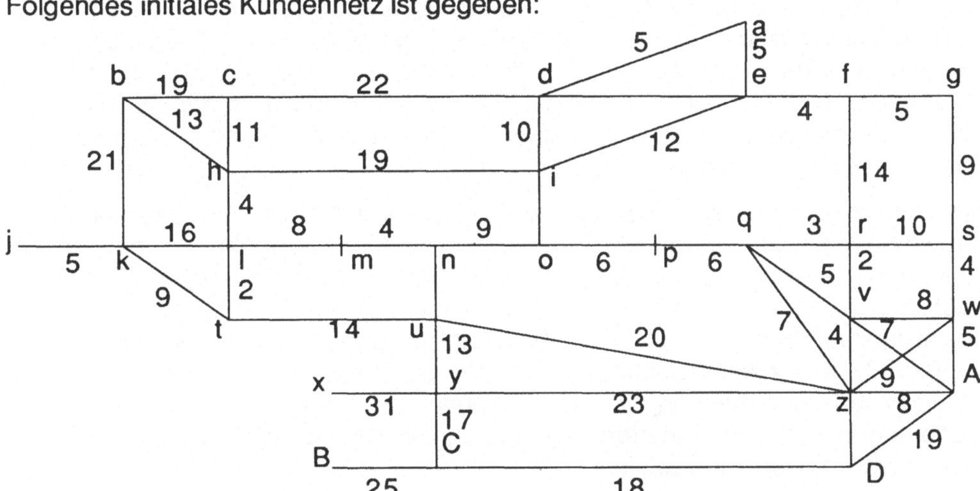

Kommentar:

Das Hauptproblem dieser Aufgabe bildet der Algorithmus zur Ermittlung der geringsten Fahrzeuganzahl. Bei einem großen Kundennetz mit geringen Entfernungen der Kunden voneinander und einer großen Anzahl zu bearbeitender Aufträge ist die Zahl der möglichen Kombinationen von Aufträgen so groß, daß es in Hinsicht auf die Laufzeit notwendig ist, nicht die optimale, sondern nur eine brauchbare Lösung zu ermitteln. Bei der Datenstruktur ist zu beachten, daß die Kunden nicht vollständig vernetzt sind, also nicht die Zeit von jedem Kunden zu jedem Kunden initial gegeben ist. Die Benutzerschnittstelle stellt keine großen Anforderungen, da auf eine graphische Ausgabe des Kundennetzes verzichtet wird.

Varianten:

Der Fuhrpark wird auf eine feste Anzahl von Fahrzeugen begrenzt. Dadurch kann nur eine begrenzte Zahl von Aufträgen in einer Periode bearbeitet werden. Der Optimierungsalgorithmus muß zusätzlich die Zahl der bearbeitbaren Aufträge maximieren.

Projekt "Hochregallagerverwaltung"

Aufgabe ist die Erstellung eines Systems zur Unterstützung des Personals bei der Verwaltung eines Hochregallagers. Das Regal besitzt eine Gasse, die von einem Regalförderzeug versorgt wird. Auf jeder Seite der Gasse befindet sich jeweils ein Gestell mit 1200 Palettenstellplätzen in 20 Etagen. Zu jedem Zeitpunkt kann vom Regalförderzeug maximal eine Palette transportiert werden. Ein- und Ausgang von Paletten erfolgen beide auf einer Seite der Gasse auf der untersten Etage. Die Verfügbarkeit des Fördersystems beträgt 100%. Das Regalförderzeug besitzt eine Vertikalgeschwindigkeit von 1/6 Palettenstellplatz pro Sekunde und eine Horizontalgeschwindigkeit von 1/2 Palettenstellplatz pro Sekunde. Beide Bewegungen können überlagert ausgeführt werden. Das Aufnehmen und Absetzen einer Palette dauert 11 Sekunden. Die Transportdauer einer Palette ergibt sich aus der Summe der Zeiten für das Aufnehmen der Palette, der Fahrzeit des Regalförderzeugs und das Absetzen der Palette.

Die Aufträge zum Ein- und Auslagern sind dem System am Tag vor ihrer Abwicklung bekannt. Die Aufnahme von Artikeln in das Hochregallager erfolgt palettenweise, d.h. es wird angegeben, welcher Artikel in welcher Stückzahl auf der einzulagernden Palette vorhanden ist. Die Reihenfolge der Einlagerungsaufträge ist fest. Die Auslagerung erfolgt auftragsbezogen, d.h. aufgrund der Artikelbezeichnung und der gewünschten Stückzahl in einem Auftrag werden Paletten zur Befriedigung der Menge ausgelagert. Auslagerungen mehrerer Paletten, die sich auf einen Auftrag beziehen, werden aufeinanderfolgend abgewickelt.

Das System plant die Vorgänge eines Arbeitstages im voraus. Dabei wird die Gesamtdauer aller Bewegungen des Regalförderzeugs für einen Tag minimiert. Das Ergebnis ist ein Protokoll über die durchzuführenden Bewegungen des Regalförderzeugs. Darin werden für jede Bewegung des Regalförderzeugs folgende Angaben gemacht:

<lfd. Nr.> <Leer-/Lastfahrt> <Start> <Ziel> <Dauer> <Summe der Zeiten>.

Zusätzlich werden zwei Funktionen angeboten, die die Lagerinventur erleichtern. Dies sind die Ausgabe des Inhalts (Artikel, Stückzahl) eines ausgewählten Stellplatzes und die Übersicht über die von einem ausgewählten Artikel im Lager vorhandenen Paletten (Stellplatz, Stückzahl).

Kommentar:

Die Funktionalität eines Hochregallagers ist durch die Dreidimensionalität nicht ganz einfach zu durchschauen und sollte daher anhand umfangreicher Beispiele eingeführt werden. Wichtig ist die Erklärung des Prinzips des "Doppelspiels", d.h. die Kombination von Ein- und Auslagerungen. Davon ausgehend kann eine geschickte Verteilstrategie für die Artikel im Lager entwickelt werden. Die zu verwendenden Datenstrukturen sind durch die feste Größe des Lagers statisch. Die Benutzerschnittstelle ist auf einen Editor zur Eingabe der Aufträge und Listen zur Ausgabe beschränkt.

Varianten:

Die Aufgabe kann um eine größere Anzahl von Gassen erweitert werden. Die Regalförderzeuge und Regalgrößen können dabei variiert werden. Die Zeit für den Transport vom Übergabepunkt der Paletten im Lagerbereich bis zu der Lagergasse muß mit berücksichtigt werden.

Projekt "Vokabeltraining"

Aufgabe ist die Erstellung eines Software-Systems zur Unterstützung von Schülern beim Lernen von Vokabeln. Ein Teilgebiet der Informatik befaßt sich mit der Möglichkeit, Computersysteme im Unterricht einzusetzen. Eine Ausprägung solcher Systeme sind beispielsweise Übungs- oder auch Drillprogramme, die dazu eingesetzt werden, erworbenes Wissen zu festigen.

Jeder Schüler hat sein eigenes System zur Verfügung. In dieses System muß er zunächst die zu lernenden Vokabeln eingeben. Dabei hat der Schüler die Wahl, in welcher Reihenfolge, also z.B. Deutsch-Englisch oder Englisch-Deutsch, er die Wörter eingeben möchte. Auftretende Doppeldeutigkeiten werden durch das System verwaltet.

Das Lernen mit dem System ist wie folgt organisiert. Nach bestimmten Kriterien wie alphabetische Reihenfolge oder nur Worte mit gleichem Anfangsbuchstaben wählt das System fremdsprachliche oder deutsche Worte aus und erfragt die Übersetzung. Die Antwort des Schülers wird kontrolliert und im Fall einer falschen Antwort korrigiert und das Wort gespeichert. Die Speicherung bietet dem Schüler die Möglichkeit, nach Beenden seines Trainings sich eine Liste der Wörter mit Übersetzungen ausdrucken zu lassen, um sie noch einmal gründlich zu lernen und zum anderen genau diese Worte beim nächsten Training gesondert abfragen zu lassen.

Zusätzlich bietet das System die Möglichkeit, die gespeicherten Worte in Form eines Wörterbuches zu benutzen. Dazu kann der Schüler die Übersetzung eines von ihm angegebenen Wortes erfragen oder sich “Seiten aus dem Wörterbuch” sequentiell ab einer bestimmten Stelle ansehen oder auch ausdrucken lassen.

Kommentar:

In der Sammlung von Übungsprojekten ist dieses System das sowohl unter dem Aspekt der Funktionalität als auch der technischen Realisierung das einfachste. Lediglich der Umfang der zu speichernden Worte und die anwendungsspezifische Benutzerschnittstelle stellen kleinere Probleme dar.

Varianten:

Die Funktionalität des Systems kann dadurch erweitert werden, daß für alle Schüler ein gemeinsames "Wörterbuch" zur Verfügung steht. Jeder Schüler erhält dann eine Anzahl von Karteikästen, mit denen er lernt. Der erste Karteikasten enthält initial alle im Wörterbuch vorhandenen Worte. Bei jeder korrekten Beantwortung einer Frage wird das Wort in einen höheren Karteikasten einsortiert. Bei einer falschen Antwort kommt das Wort wieder in den ersten Karteikasten. Bei dieser Variante ist besonders auf eine effiziente Speicherung der Daten zu achten.

Projekt "Palettenpackoptimierung"

Aufgabe ist die Erstellung eines Software-Systems zur Unterstützung eines Unternehmens bei dem Versand seiner Waren. Die Waren werden für den Transport in Kisten verpackt und auf Paletten gestapelt. Um die Transportkosten möglichst gering zu halten, muß die Zahl der zu transportierenden Paletten klein sein.

Jedem Artikel ist eine sechsstellige Artikelnummer und die Größe seiner Verpackung, d.h. Höhe, Breite und Tiefe (in cm), zugeordnet. Die minimale Größe einer Kiste ist ein Würfel mit der Kantenlänge 20 cm, die maximale Größe ein Quader mit 100x120x80 cm. Die Kantenlängen der Kisten sind immer Vielfache von 20 cm. Kisten besitzen eine definierte senkrechte Ausrichtung, die durch die Höhe gegeben ist. Für den Transport werden Paletten der Größe 120x80 cm eingesetzt.

Jeder Kundenauftrag besteht aus der Angabe einer Liste von Artikeln und der Anzahl der je Artikel zu liefernden Kisten.

Das System verwaltet für alle Artikel die Kistengrößen. Für jeden Kundenauftrag wird eine möglichst kleine Anzahl von Paletten derart bestimmt, daß bei der Aufschichtung der Kisten auf den Paletten keine Hohlräume entstehen. Jede Schicht von Kisten überragt die darunterliegende Schicht seitlich nicht, die unterste Schicht ragt nicht über den Palettenrand hinaus. Der Abstand zwischen der Oberkante der Kisten der obersten Schicht und der Unterkante der untersten Schicht beträgt maximal 100 cm. Für jede Palette wird ein Palettenbegleitblatt erstellt, das Artikel und die zugehörige Anzahl von Kisten je Palette beschreibt. Zur Unterstützung des Packpersonals wird eine graphische Ausgabe der Palettenbeladung erstellt.

Kommentar:

Kernprobleme dieser Aufgabe stellen der Algorithmus zur Ermittlung der Palettenbeladung und die Datenstruktur zu deren Speicherung dar. Durch die beschränkte Anzahl unterschiedlicher Kisten mit Formaten, die jeweils ein

Vielfaches voneinander sind, kann auch ein iterativer Algorithmus schon brauchbare Lösungen liefern. Ohne diese Einschränkung führt nur ein Backtracking-Algorithmus zur Lösung. Die zur Speicherung der Palettenladung benötigte Datenstruktur muß die Dreidimensionalität berücksichtigen und ist aus diesem Grund nicht trivial. Die graphische Ausgabe der Palettenbeladung ist ebenfalls durch die Formate der Kisten stark vereinfacht. Beispielsweise kann die Ausgabe in Ebenen der Höhe 20 cm erfolgen.

Varianten:

Bei den Angaben zu den Kisten kann auf die senkrechte Ausrichtung verzichtet werden. Desweiteren können beliebige Formate zugelassen werden. Die dabei zu beachtende Problematik ist im Kommentar angedeutet.

Projekt "Institutsinformation"

Aufgabe ist die Erstellung eines Software-Systems zur Information eines Besuchers eines Instituts. Jeder Angestellte eines Instituts hat ein persönliches Arbeitsgebiet. Darüberhinaus existieren Forschungsschwerpunkte in Projekten und Arbeitsgemeinschaften mehrerer Mitarbeiter. Die vom System verwalteten Informationen werden von den Mitarbeitern erstellt. Jede Beschreibung besteht aus dem Titel des Forschungsgebietes, der Liste der beteiligten Mitarbeiter, der Liste der Stichworte und der verbalen Beschreibung des Inhalts des Forschungsgebietes. Diese werden entweder direkt in dem System erstellt oder zumindest teilweise als schon fertige Datei in das System integriert. Die Mitarbeiter sind auch selbst dafür verantwortlich, die Beschreibungen zu ändern oder zu löschen, so daß das System die jeweils aktuellsten Informationen enthält.

Das System stellt Besuchern eine Möglichkeit der schnellen und gezielten Information zur Verfügung. Der Besucher kann über drei Schlüssel - Angabe eines Stichwortes, eines Mitarbeiternamens oder eines Forschungsgebietes - auf die vom System verwalteten Informationen zugreifen. Als Hilfestellung dienen ihm Listen der dem System bekannten Schlüssel. Nach Angabe eines Schlüssels werden nacheinander alle durch den Schlüssel gewählten Beschreibungen angezeigt. Dabei ist ein zeilen- und seitenweises Blättern in den zur Verfügung gestellten Informationen und der Ausdruck des Inhalts einer Bildschirmseite möglich.

Da nicht ständig alle Mitarbeiter für Fragen zur Verfügung stehen, bietet das System die Möglichkeit, formalisierte Nachrichten entweder an alle an einem Forschungsgebiet beteiligten Mitarbeiter oder an einzelne Mitarbeiter zu senden. Die Mitteilung enthält Name und Adresse des Besuchers und einen maximal zwei Zeilen langen Text mit dem Wunsch oder Kommentar. Die Mitarbeiter haben die Möglichkeit, die an sie gesandten Nachrichten über ihren Namen abzurufen und ausdrucken zu lassen.

Kommentar:

Schwerpunkt dieser Aufgabe ist die Gestaltung der Benutzerschnittstelle, die ihrem Anwendungszweck angemessen so komfortabel wie möglich sein sollte. Dazu ist die Funktionalität des Systems gründlich zu analysieren. Die Realsierung der zum gezielten Zugriff auf die Informationen benötigten Datenstrukturen stellt nur bezüglich der Mehrdeutigkeit (z.B. ein Mitarbeiter in mehreren Projekten) ein Problem dar.

Varianten:

Dem Benutzer könnte die Möglichkeit geboten werden, die in den Beschreibungen vorhandenen Schlüssel zu kombinieren und logisch zu verknüpfen. Desweiteren könnte eine mehrsprachige Version erstellt werden, die in jedem Zustand des Systems einen Wechsel in eine andere Sprache zuläßt.